室内设计基础

主 编 许 丽
副主编 王大海 郑雅慧 张 炜

U0238694

普通高等教育 艺术设计类
"十二五"规划教材·环境设计专业

中国水利水电出版社
www.waterpub.com.cn

内 容 提 要

　　本教材的编写结合了作者在多年教学、设计实践中的经验和体会，吸收了很多当前室内设计新的学术成果，根据室内设计专业学生的学习特点，力图从理论和实践两个方面对室内设计的基础知识系统进行探讨。本教材以国内外室内设计的最新动态，结合大量真实案例图片，系统地阐述了室内设计概述、室内设计师素养、室内设计发展概况、室内设计方法和程序、室内设计的风格与流派、室内设计的要素、室内设计的评价原则、室内设计常见空间类型分析。既强调让学生掌握理论知识，又注重加强学生实践能力的培养。

　　本教材可作为环境设计、室内设计、景观设计和艺术设计专业的普通高等院校、应用型本科和高职高专的学生用书，也可供相关专业从业人员参考。

图书在版编目（ＣＩＰ）数据

室内设计基础 / 许丽主编. -- 北京 ： 中国水利水
电出版社，2013.3(2024.1重印)
　普通高等教育艺术设计类"十二五"规划教材. 环境
设计专业
　ISBN 978-7-5170-0694-7

Ⅰ．①室… Ⅱ．①许… Ⅲ．①室内装饰设计－高等学
校－教材 Ⅳ．①TU238

中国版本图书馆CIP数据核字(2013)第048369号

书　　名	普通高等教育艺术设计类"十二五"规划教材·环境设计专业 **室内设计基础**
作　　者	主编　许丽　副主编　王大海　郑雅慧　张炜
出版发行	中国水利水电出版社 （北京市海淀区玉渊潭南路 1 号 D 座　　100038） 网址：www.waterpub.com.cn E-mail：sales@mwr.gov.cn 电话：（010）68545888（营销中心）
经　　售	北京科水图书销售有限公司 电话：（010）68545874、63202643 全国各地新华书店和相关出版物销售网点
排　　版	中国水利水电出版社微机排版中心
印　　刷	清淞永业（天津）印刷有限公司
规　　格	210mm×285mm　16 开本　10.75 印张　355 千字
版　　次	2013 年 3 月第 1 版　2024 年 1 月第 3 次印刷
印　　数	5001—6500 册
定　　价	**55.00 元**

前　言

　　室内设计是伴随着现代建筑的发展而逐渐成长起来的一门新兴学科，这门学科领域是以艺术与科学技术的手段来协调自然、人工、社会三类环境之间的关系，使其达到一种最佳的运行状态。过去，我们通常将对建筑内部空间的再设计称为"室内装饰"或"建筑装饰"，而现在我们称之为"室内设计"或是"室内环境设计"，这是行业专业化程度不断加深和专业分工细化的必然结果。室内设计旨在创造合理、舒适、优美的室内环境，以满足人类使用和审美的需求。人们生活和工作的大部分时间是在建筑内部空间度过的，因此室内设计与人们的日常生活关系最为密切，在整个社会生活中扮演着十分重要的角色；另外室内设计从设计构思、施工工艺、装饰材料到内部设施，又和社会的物质生产水平、社会文化和精神生活状况联系在一起，同时室内设计水平也直接反映出一个国家的经济发达程度和人民的审美标准。不断创造出新的室内环境已经成为室内设计工作者的时代追求。

　　与室内设计行业相对应的室内设计教育目前也处于一个快速发展的阶段。一方面，愈演愈烈的城市化进程和大规模的房地产开发为室内设计行业和专业教育的发展提供了前所未有的机遇，因此更多的高等学校设立艺术设计专业，"室内设计"课程已成为必修课之一，并且发展成为一门专业性很强的学科；另一方面，过分关注和迎合市场的需求也给室内设计的专业教育带来种种问题，如一些院校在教学中"重"实践和市场，"轻"理论和基础。室内设计教育作为室内设计人才培养的最重要的途径，势必将"由技入道"和"由理入道"两种方式相结合，这样综合性的教育才是更全面更整体的教育，是更符合发展规律的教育模式，同时，室内设计教育更是一种素质教育，是传承历史、传播文化、创造新的生活方式和新文化的途径和手段。基于这样的考虑，本书结合作者在多年教学、设计实践中的经验和体会，吸收了很多当前室内设计

新的学术成果，根据室内设计专业学生的学习特点，力图从理论和实践两个方面对室内设计的基础知识进行系统地架构、探讨和表述。本教材以国内外室内设计的最新动态，结合大量真实案例图片，系统地阐述了室内设计的主要内容方法、室内设计构思与创意、室内设计的发展、室内设计风格和流派、室内设计的要素、室内设计的评价原则、室内设计常见空间类型分析等内容。本教材既强调对学生理论知识的培养，又注重实践能力的培养。希望本教材能成为艺术设计专业学生和室内设计从业人员的一本系统的专业参考书。

　　本教材由烟台大学、山东艺术学院、山东建筑大学等院校的专业教师联合编写。第 1～2 章由许丽编写，第 3～4 章由王大海、许丽编写，第 5 章由张炜、孔莹、许丽编写，第 6 章由张炜、吴雪飞、许丽编写，第 7～8 章由郑雅慧编写，全书由许丽负责统编定稿，另外邵未、陈娟娟参与编写。本教材在编写过程中所引用的插图有些是近几年教学过程中搜集的资料；学生作业大部分来自烟台大学建筑学院的课堂作业或毕业设计，在此向所有的原作者表示诚挚的感谢！

　　感谢中国水利水电出版社的信赖和支持！

　　感谢烟台大学建筑学院领导对本书的出版所给予的关注和指导。

　　由于编写时间仓促，加上编者自身经验不足，因此，本书肯定会有缺点乃至错误。在此，诚恳地希望同行专家与广大读者提出宝贵意见。

许丽

2012 年秋于烟台大学建筑学院

目 录

第1章 室内设计概述

【本章概述】

　　本章讲述了室内设计的含义、室内设计的内容、室内设计与建筑设计的关系，以及室内设计与相关学科的关系等问题，内容涵盖了室内设计的基础知识与其他相关学科之间的联系。通过本章学习让初学者对室内设计的本质、研究对象及范畴有一个基本的认识与了解。

【学习重点】

1. 室内设计的概念。
2. 室内设计的内容。
3. 室内设计与建筑设计的关系。
4. 室内设计与相关学科的关系。

1.1 室内设计的含义和内容

　　室内环境是与人们生活最密切的环节，因为在人的一生里，绝大部分的时间生活和活动于室内空间中。在人们设计和倡导的室内环境中，必然会关系到安全、健康、舒适、效率等问题，所以室内环境设计和创造的前提，应该保障安全和有利于人们的身心健康。

　　众所周知，室内设计是从建筑设计领域分离出来的一门新兴学科，这是社会发展行业分工细化必然的趋势。在室内设计这个概念出现之前，室内装饰行为已经存在数千年了，从远古时代的建筑遗址中，我们发现了大量的对室内环境进行"设计"的迹象，例如古代埃及神庙中的壁画和雕刻，这些壁画和雕刻可以认为是人类最早的室内装饰，但这不是室内设计。现代室内设计也称室内环境设计，和传统的室内装饰相比，其内容更深入，涉及的范围更广，相关的因素也更多。

1.1.1 室内设计的含义

　　室内设计作为独立的综合性学科，于20世纪60年代初形成，室内设计概念也在世界范围内开始出现。自古以来，室内设计都从属于建筑设计，西方古希腊、古罗马的石砌建筑，东方古印度的石窟建筑和中国的木构架建筑，由于装饰与建筑的结构部件紧密联系，形成装饰与建筑主体一体化。17世纪欧洲巴洛克时代和18世纪洛可可时代，室内装饰与建筑主体开始分离，室内装饰风格、样式逐渐发展变化。19世纪以后，混凝土建筑出现，使室内装饰成为不依附于建筑主体而相对独立进行生产制作的部分，加之现代主义运动按照工业化大生产的要求排除装饰，强调使用的功能性、追求造型单纯化，并考虑经济、实用、耐久等问题，于是"室内装饰"开始衰落，取而代之的是更有计划性和理论性的"室内设计"。那么，什么是室内设计呢？就"室内设计"这个名词，应该说它包含了两个完整意义的部分——"室内"和"设计"。

　　关于"设计"，《辞海》上的解释是："设计是指根据一定的目标要求，预先制定方案、图样等。""设计"应该是在明确目的引导下的有意识的创造活动。人类的设计活动可分为：一种单纯为了满足审美需要而出现的艺术设计；另一种是为了满足功能需要而出现的工程技术设计，艺术家和工程师就是为满足这两种不同设计而产生的。但人类更多的需要毕竟还是以综合形式出现的，所以设计含义就有着广阔的领域。现代设计更多的是为了满足现代人的各种生活需求，以现代化大工业生产的产品为对象，综合了功能、技术、材料、经济、安全、社会、审美等因素所做的规划与构想，是在产品与使用者之间取得最佳平衡的创造性活动。

"室内"的概念似乎很简单，凡是建筑的内部，都可以认为是室内，但是现代建筑在实践上打破了人们的这种传统认识，强调空间的连续性和渗透性，室内和室外常常相互交融。如落地的玻璃窗加强了室内外空间的联系和渗透（见图1-1-1）；还有商业街中，建筑与建筑间用玻璃采光顶连接起来，形成一个围合的空间，人置身街道上，实际也置身于"室内"（见图1-1-2），因此"室内"的概念有了一定的模糊性和不确定性。一般来说区分室内空间和室外空间的关键因素是有无顶界面。

综上所述，室内设计的定义是在给定的建筑内部空间环境中，根据空间的使用性质、所处环境和相应标准，运用现代物质技术手段和建筑美学原理制造的一种人工环境，它是一种以追求室内环境多种功能的完美结合，

充分满足人们生活、工作中的物质需求和精神需求为目标的一门实用艺术。这一空间环境首先要满足相应的使用功能的要求；其次要考虑这一空间建筑的周围环境情况；还要考虑对这一空间的工程造价标准的控制；另外要考虑怎样设计能够反映出建筑风格、历史底蕴、环境氛围等精神因素；以及要达到理想中效果需要运用什么样的材料和设备设施和什么样的造型处理手法等。其中，明确地将"充分满足人们生活、工作中的物质需求和精神需求"作为室内设计的目的。

满足人们生活、工作中的物质功能体现在：满足使用要求、冷暖、光照等。如空间的面积、大小、形状，合适的家具、设备布置，交通组织、疏散、消防、安全等设施，科学地创造良好的采光、照明、通风、隔声、隔热等物理环境（见图1-1-3）。

满足人们生活、工作中的精神功能体现在：与建筑类型、性质相适应的环境氛围、风格、文脉等精神方面的要求。从人的文化、心理需求（如人的不同爱好、意愿、审美情趣、民族文化、民族象征、民族风格等）出发，并充分体现空间形式的处理和空间形象的塑造，使人们获得精神上的满足和美的享受（见图1-1-4）。

图1-1-1　室内的落地窗加强了空间的联系和渗透

图1-1-2　米兰大教堂旁边的商业街

图 1-1-3　商务客房的物质功能

图 1-1-4　教堂的精神功能

1.1.2　室内设计的内容

室内设计的内容主要包括：室内空间组织、调整和再创造；室内平面功能分析和布置；地面、墙面、顶面等各界面造型和装饰设计；室内采光、照明要求和音质效果；室内主色调和色彩配置；各界面装饰材料的选用及构造做法；室内环境控制、水电等设备的协调；家具、灯具、陈设等的选用、布置或设计；室内绿化布置等。上述这些内容，既自成体系，又相互联系，就室内空间的整体设计而言，它们是相辅相成的。

当然随着社会的发展和科技的进步，室内设计还会增加许多新的内容，对于从事室内设计的人员来说，虽然不可能对所有涉及的内容全部掌握，但是根据空间的使用功能，应尽可能熟悉有关的内容，设计时能主动和自觉地考虑诸项因素，也能与有关工种专业人员相互协调、密切配合，有效地提高室内设计的内在质量。

1.1.2.1　整体空间组织设计和界面的处理

室内设计进行时，首先要根据使用功能需要对建筑所提供的内部空间进行处理。在建筑设计的基础上室内设计师必须分析建筑物的总体布局、功能安排、人流动向以及构造体系等，并且在室内设计时对原有内部空间和平面的布置进行调整、完善或再创造。有时原有建筑设计中或多或少存在不利于室内设计或使用上不合理的地方；或是因业主的功能要求或个人喜好，提出对建筑内部空间重新分隔和改造，这时室内设计师要按照新的使用功能重新划分空间，重新调整空间的比例和尺度。

如图 1-1-5 所示为原建筑设计提供的空间组织形式，作为三口之家居住，存在问题是交通面积过大、没有比较合理的餐厅的位置、没有书房、储物空间较少。结合家庭情况对原空间重新组织和调整（见图 1-1-6）。

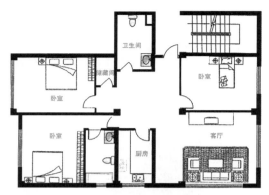

图 1-1-5 原有建筑平面图

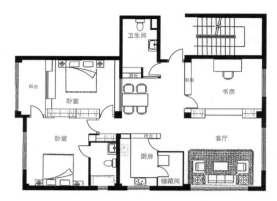

图 1-1-6 空间重新组织和调整后的平面

图 1-1-7 合肥大剧院大厅墙面造型处理

图 1-1-8 莫泰快捷酒店顶棚造型处理

通过改变各个房间门的开启方向和位置，增加或减少非承重构件，把中心的交通空间变成餐厅；同时相邻的房间用到顶的衣柜来分隔，增大了空间的储存功能。这种对室内空间布局的重新调整、组合，改善原有建筑设计的不足之处，从而达到较好的使用功能。

室内界面处理，是指对室内围合空间的六大界面——地面、墙面、顶棚等按空间的使用功能和特点进行二次处理，主要体现在界面的造型和色彩设计、材料的选择、界面与结构的连接构造、界面和管线设施的协调配合等方面的设计上。室内空间的基本形体可以结合界面的造型来确定，所以室内界面设计既有功能技术要求，也有造型和美观的要求。如图 1-1-7 和图 1-1-8 所示。界面造型与风管及出风口、回风口的位置，界面与嵌入灯具或灯槽的位置，以及界面与消防喷淋、报警、音箱、监控等设施需统一考虑与设计。

1.1.2.2 室内光照、色彩、材质的选用

光、色、材质是室内空间设计中的基本元素。室内设计在光照之下，形、色、质融为一体，形成室内空间整体效果。

光是人们对外界视觉感受的前提，也是空间氛围营造的有效手段。在室内设计中，光照不仅是满足人们视觉功能需要的前提，而且是一个重要的美学因素。光可以形成空间、改变空间或者破坏空间，它直接影响到人对室内物体大小、形状、质地和色彩的感知，所以在设计时对于采光口大小、位置，以及灯具的选择与布置都要细致考虑，并结合空间的使用功能和风格，做出合理的选择。图 1-1-9 和图 1-1-10 所示为自然采光和灯光照明所营造的不同的室内氛围。

色彩的视觉效果非常直接，是室内设计中最为活跃

生动的因素，室内色彩所具有的独特的表现力，往往会给人们留下比较突出的第一印象。室内色彩设计需要根据建筑物的使用性质、停留时间长短等因素来确定主色调（见图1-1-11和图1-1-12）。虽然空间使用性质都是居住空间，装饰风格也以中式风格为主，但选用的色调不同，给人完全不同的视觉感受。

材料质地的选用，是设计中直接关系到实用价值和经济效益的重要环节。饰面材质的选用，必须同时满足使用功能和人们身心感受这两方面的要求，另外材料的选用还应考虑人在空间中近距离长时间的视觉感受，是否可以与肌肤接触等特点，材质不应有尖角或过分粗糙。有毒或释放有害气体的材料不要使用。在室内环境中，木材、棉、麻、藤、竹等天然材料再适当配置室内绿化，容易形成亲切自然的气氛，当然室内适量的玻璃、金属和高分子类材料，更能显示时代气息。

1.1.2.3　室内陈设艺术设计

室内陈设艺术设计主要是指室内内含物，如家具、家电、装饰织物、艺术品、照明灯具和绿化等的选择或设计。这些陈设物品既有实用作用也有观赏作用，并对整个空间风格的形成、气氛的烘托有重大意义。因此只有深刻地了解家具、陈设品在室内空间中应用的规律、地位、作用和影响，才能够灵活地运用各种手法和技巧，借助陈设艺术对室内环境进行改善和柔化，使空间布局层次更加丰富，让使用者获得最大限度的舒适度和满意度。如图1-1-13所示与室内风格协调的家具和陈设品在室内环境中实用和观赏的作用都很突出。

图1-1-9　室内的自然采光效果

图1-1-10　室内的灯光效果

图1-1-11　白色为主色调的居住空间

图 1-1-12 灰色为主色调的居住空间

图 1-1-13 桌面的陈设品与
室内整体风格的协调统一

1.1.2.4 相关专业彼此协调

在室内空间中，还要充分的考虑室内良好的采光、通风、采暖、保温保湿、照明和音质效果等方面的设计处理，这就牵扯到与一些相关专业要彼此协调，如针对室内气候的取暖、通风、温湿调节等方面的暖通处理；针对消防安全的消防通道及设施安排；针对强电、弱电及水路的管线设计等，它们都是自成专业体系，又都与室内空间设计有着紧密联系。在设计时，必须充分考虑这些专业的特性和安装需求，要相互协调，使其布局合理，以此提高现代室内空间环境质量。

1.2 室内设计与建筑设计的关系

1.2.1 建筑设计与室内设计概述

1.2.1.1 建筑设计

建筑设计是人类在发展过程中，通过对自然界的改造为自己所创造的、符合自己生息繁衍需要的物质环境。直观的说，建筑设计的目的就是向人们提供各种不同性质、功能的内部空间。建筑设计一方面较侧重于对建筑实体外部形体空间环境的设计，即当人们由外观察建筑物时，它能带给人外形上的印象；另一方面重点解决建筑实体内部的空间环境是否与它所应当承担的具体功能要求相适应，即是否符合人们的使用要求。作为一种综合性的艺术形式，建筑设计具有特殊的反映社会生活、精神面貌和经济基础的功能。

1.2.1.2 室内设计

室内设计就是对建筑设计所提供的内部空间环境的更进一步的工作。它的基本任务就是合理的组织内部空间，综合运用技术手段和艺术手段，充分考虑自然环境的影响，寻求具体空间的内在的美学规律性，创造符合生产和生活要求、符合心理要求的室内环境，使这个环境舒适化、科学化和艺术化。

一个建筑空间要达到理想的使用功能和审美功能，就离不开建筑设计和室内设计，两者关系是相辅相成，缺一不可。如图 1-2-1 所示为美国建筑师丹尼尔·里柏斯金（Daniel Libeskind）设计的柏林犹太人博物馆。许多人认为这个建筑本身就是一个无声的纪念碑，无论从空中，地面，近处，还是远处，都给人以强烈的视觉震撼。外墙以镀锌铁皮构成不规则的形状，带有棱角尖的透光缝，由表及里，所有的线条、墙面和空间都是破碎而不规则的，人走进内部，便不由自主地被卷入了一个扭曲的时空里，馆内几乎找不到任何水平和垂直的结构，所有通道、墙壁、窗户都带有一定的角度（见图 1-2-2），以此隐喻出犹太人在德国不同寻常的历史和所遭受的苦难。展品中虽然没有直观的犹太人遭受迫害的展品或场景，但馆内曲折的通道、沉重的色调和灯光无不给人以精神上的震撼和心灵上的撞击。

1.2.2 室内设计与建筑设计的关系

建筑设计和室内设计是对同一功能性质的使用空间在不同设计阶段和不同侧重方面的工作。

1.2.2.1 建筑设计是室内设计的基础和依据

建筑设计是这个设计过程中的第一步，它对于这个空间在将来的存在和使用起了决定性的作用。在进行建

图 1-2-1 柏林犹太人博物馆建筑外观

图 1-2-2 柏林犹太人博物馆室内空间

筑设计的过程当中，一方面要重视建筑外形与其所处的总体环境之间的关系，做到建筑单体与周边环境互相配合，互相美化。另一方面要着重解决所提供的建筑内部空间与使用要求相适应。美国著名建筑师沙利文（Louis Henry Sulliran，1850—1924）提出建筑的"形式由功能而来"，而功能在很大程度上规定了建筑的内部空间（室内空间）及形式，这直接影响到建筑的内部空间的设计，即室内设计。建筑设计制约了室内设计，比如一套住宅的面积大小不会改变，内部承重结构是不可随意变动，厨房、卫生间的位置也不可任意移动。如果建筑的内部布局是合理的，那么室内设计时就会有事半功倍的效果，反之会使室内设计有力不从心的感觉。

有人会说，室内设计就只能被动、消极的跟着建筑

设计跑吗？其实不然，即使是在建筑设计完成之后，室内设计师仍有足够的机会发挥主动性与创造性，应用灵活多变的设计手段，完成创造良好室内环境的任务。例如重庆四星级商务酒店喜百年酒店，它是由写字楼改造的，原有的建筑空间带来了房间功能和空间组织关系等缺憾，但设计师通过色彩、材质、家具、工艺品等元素的精心搭配设计而形成了黑、红、黄、水晶为主题的个性客房，赋予建筑空间更强的活力和个性（见图 1-2-3）。

1.2.2.2 室内设计是建筑设计的继续、深化和发展

室内设计就是建筑的内部空间的设计，是建筑物在土建设计完成之后，紧接着的后续部分，是建筑设计体系的一个重要组成部分。在建筑设计的基础上，室内设

计进一步调整空间的尺寸和比例，解决空间的衔接、过渡、对比和统一等问题；选择搭配室内的家具与设备等，是对建筑内部空间环境进行的深化、充实、完善、更新和再加工。如长城脚下的公社，由12名亚洲杰出建筑师设计建造的当代建筑艺术作品，其中日本设计师隈研吾设计的竹屋，通过材料的运用、家具和陈设品布置，充分体现出室内设计是建筑设计的继续和深化。纤纤细竹隔出的"茶室"，悬于水上，极具禅意，是竹屋的点睛之笔（见图1-2-4）。

因此，建筑设计和室内设计在整个设计过程中是一前一后，两个相互衔接、相互配合的工作阶段，两者之间存在着由"宏观"至"微观"，由"先"至"后"的延续性的递进关系。但是这并不意味着建筑设计与室内设计是两个界限明确、截然分开的两项工作。不论是在建筑构思、材料选用还是在使用功能及精神审美上，很难让一个建筑师在建筑设计时不考虑内部空间的功能、组成与形式等问题，或是室内设计师进行室内设计时不考

虑建筑总体设计与调整问题。

1.2.2.3 建筑设计和室内设计的相同点

1. 建筑设计和室内设计的目的相同

两者都是以满足空间的使用性质和使用功能为设计目的。例如，一个大型的综合性商场，建筑设计要根据规范和甲方的要求，按照各种商业功能和人在商场内的活动，进行合理的空间划分和组合。由于建筑师的时间、精力、设计进度等各方面的因素，无法完全满足最终具体的商业功能，因此选择一种折中的处理方法即在建筑设计的整体布局阶段，只是对建筑各个楼层的功能进行大致的功能分区，到室内设计时再对建筑内部的大空间重新进行具体的功能划分，甚至具体落实到某一商品的陈列方式、展示柜台、商品照明方式等层面，以满足顾客使用功能的需要。如图1-2-5和图1-2-6所示为香港九龙塘又一城商场。

图1-2-3　重庆喜百年商务酒店采用不同材质和色彩打造的四种主题客房

图 1-2-4 竹屋（隈研吾）

图 1-2-5 香港九龙塘又一城商场中厅

图 1-2-6 香港九龙塘又一城商场的专卖店

2. 建筑设计和室内设计都受环境因素影响

建筑设计要考虑受自然气候、自然环境、社会条件等大环境的限制；室内设计也要考虑受建筑环境及采光、通风、朝向等小环境的限制。例如一般建筑物特别是住宅朝向是坐北朝南，但若小区的北面或西面有一处美丽景观，不妨把面对景观单元的朝向改一下，使它朝向景观，达到推窗见景的效果。室内设计也要结合建筑环境来设计，如果整体建筑周围有美丽风景，在做室内设计时可考虑充分利用室外环境，使之与室内环境相互交流，一般可利用窗户、阳台外的景致点缀室内环境（见图1-2-7）。反之如果整体建筑环境不理想，就可采用一些手法掩饰外界不良环境，同时兼顾采光、通风问题，通过室内设计形成一个良好的小环境。

3. 建筑设计与室内设计的立意都具有独特性

想象力是建筑设计师和室内设计师不可缺少的，一个想象力很贫乏的设计者是不能够在建筑和室内创作上有很高造诣的。因此，不管是把握整体性的建筑设计，还是室内的局部空间设计，都要有很独特的立意。如贝聿铭大师的封笔之作——苏州博物馆，是现代建筑与传统城市和谐共处的经典之作之一（见图1-2-8）。在"不高不大不突兀"的立意之下，一反一般博物馆高大整

图1-2-7 室内设计时充分考虑外部优美的环境因素

图1-2-8 苏州博物馆（贝聿铭）

体的形象设计思路，从苏州特定的城市环境构思出发，采用了庭院式的布局，并精心打造出具有创意性的山水园，由此保持了原有的古城肌理与风貌。室内随处可见的空棂窗洞、点缀置景、人字廊顶、粉墙竹影等，凸显了设计师独特的立意和构思。

4. 建筑设计和室内设计都要受到技术和经济投入的限制

建筑设计和室内设计都需要综合考虑结构施工、材料设备、造价标准等多种因素。建筑设计和室内设计成果最终是要通过所使用的建筑装饰材料来体现，不同的经济投入会导致材料的品质不同，那么艺术效果和使用效果也是不同的，这一点在室内设计中尤其明显。

1.2.2.4 建筑设计和室内设计的不同点

1. 建筑设计与室内设计工作侧重不同

就建筑内部空间而言，它向人们提供了在日后能够使用的室内空间基础，同时为接下来的室内设计留出一定的可以灵活设计的余地。而室内设计更加重视生理效果和心理效果，更加强调材料的质感和纹理、色彩的配置、灯光的运用以及细部的处理。因此，通过室内设计所表现出的东西，往往比建筑设计更为精美和细腻。

2. 建筑设计和室内设计的使用年限不同

室内设计与时间因素的关系更为紧密，室内设计更新周期短。建筑物的使用年限一般为几十年甚至上百年；而室内装饰一般仅需维持几年，具有经常变更的可能性，如将商店改成娱乐场所、餐饮场所。尤其是近些年提出的充分利用一些有艺术价值的旧建筑和保护建筑文化遗

产的思想，这要求室内设计师在改造空间时要以建筑设计为本，不要随意破坏建筑的承重结构，盲目移动结构构件，随意更改设备管线，以防由此影响建筑的使用寿命；同时还要考虑如何把握原有建筑及室内的形式与新的使用功能的结合。如巴黎奥塞博物馆是一极具成功的改造范例（见图1-2-9），奥赛博物馆是由巴黎奥塞车站改造而成，原建筑空间富丽堂皇，充满装饰艺术风格。设计师将这个大车站长长的通道改造成一长长的展廊，并将通道两侧改造成贯穿整个车站的画廊。在博物馆中，艺术品与原车站华丽而略显颓废的内墙形成了绝妙的搭配。

1.3 室内设计与相关学科的关系

1.3.1 室内设计与人体工程学

人体工程学也称人体工效学，它是从解剖学和生理学角度，对不同民族、年龄、性别的人的身体各个部位进行静态（身高、坐高、手长）和动态的（四肢活动范围等）测量，得到基本参数，作为设计中最根本的尺寸依据；通过研究人的知觉、智能、适应性等因素，研究人对环境的承受力和反应能力，为创造舒适、美观、实用的生活环境提供科学依据。人体工程学起源于20世纪初期的欧美国家，早期是在使用机器设备，实行大批量生产的情况下，探求人与机械之间的协调关系，以改善工作条件，提高劳动生产率。后在第二次世界大战期间，为了充分发挥武器装备的效能，减少操作事故，保护战斗人员，在军事科学技术中开始运用人体工程学的原理和方法。第二次世界大战结束时，在完成初期的战后重建工作之后，欧美各国进入了经济大发展时期，人们将有关人体工程学的研究成果，迅速转化到空间技术、工业生产、建筑与室内设计等领域，人体工程学得到了快速发展。

人体工程学运用至室内设计，其含义为：以人为主体，通过人体测量、生理与心理测试等手段与方法，研究人体结构、功能、心理、力学等方面与室内环境之间的合理协调关系，以适合人的身心活动要求，取得最佳的使用功能；它的目标是安全、健康、高效和舒适；其基本内容是人体测量和人体尺寸。

1.3.1.1 人体的基本数据

人体基本数据主要有静态尺寸和动态尺寸。静态尺寸是被测者在固定的标准位置上所测得的躯体尺寸，也称"结构尺寸"，即有关人体构造、人体尺度的数据；动态尺寸是在活动的人体条件下测得的，也称"功能尺寸"，即人体动作域的有关数据。

图1-2-9 奥赛博物馆

1. 人体构造

人体构造主要是指与人体工程学关系最紧密的运动系统中的骨骼、关节和肌肉，这三部分在神经系统的支配下，使人体各部分完成一系列的运动。

2. 人体尺度

人体尺度是人体工程学中最基本的数据之一，它主要以人体构造的基本尺寸（主要指人体的静态尺寸，如身高、坐高、肩宽、手臂长度等）为依据，确定人在生活、生产活动中所处的各种环境的舒适范围和安全限度（见图1-3-1）。

3. 人体动作域

人们在室内进行各种活动范围的大小，即为动作域，它是确定室内空间尺度的重要依据之一。以各种计测方法规定的人体动作域，也是人体工程学研究的基础数据。如果说人体尺寸是静态的、相对固定的数据，人体动作域的尺寸则为动态的，其动态尺寸与活动情景状态有关。人体在室内完成各种动作时的活动范围，是确定门扇的高宽度、踏步的高宽度、窗台的高度、家具的尺寸及其间距，以及楼梯平台、室内净高等最小高度的依据。在不同性质的室内空间中，还有满足人们心理需求的最佳空间范围。

1.3.1.2 人体尺度在空间中的运用

在室内设计时，人体具体数据尺寸的选用，应考虑在不同空间围合状态下，人们动作和活动的舒适性，以及对大多数人的适宜尺度，并强调以安全为前提。针对设计中的不同情况，可按尺度来考虑空间设计。

1. 按较高人体之高度

按较高人体之高度考虑空间尺寸，如楼梯顶高、栏杆高度、阁楼及地下室净高、门洞高度、淋浴喷头高度和床的长度等，一般可采用男性人体身高幅度的上限173cm，再另加鞋厚2cm。

2. 按较低人体之高度

按较低人体之高度考虑空间尺寸，如楼梯的踏步、厨房吊柜、搁板、挂衣钩、盥洗台和操作台的高度等，

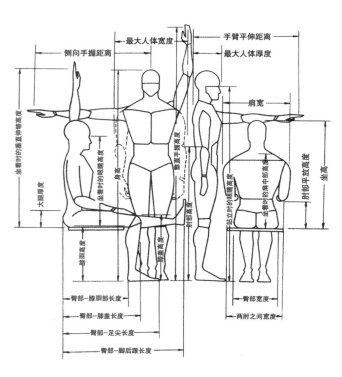

图1-3-1 室内设计中常用的人体测量尺度

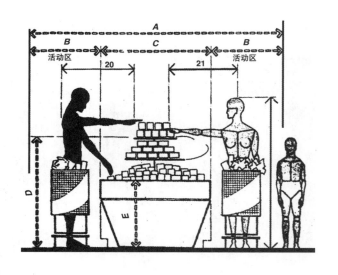

图1-3-2 商业空间中销售区域尺寸

一般可采用女性人体的平均高度156cm，再加鞋厚2cm。

3. 按成年人平均高度

一般室内使用空间的尺度可按成年人平均高度167cm（男性）和156cm（女性）来考虑。如展览馆等建筑中人的视线，以及公共空间中的座椅高度等，当然，设计时也需要另加鞋厚2cm。

1.3.1.3 人体工程学在室内设计中的运用

1. 作为确定个人以及群体在室内活动所需空间主要依据

依据人体工程学中的有关测量数据，获得人体尺度、活动空间、心理空间以及人际交往空间等方面的设计依据，从而在室内设计时确定符合人体需要的不同功能空间的合理范围（见图1-3-2）。

2. 作为确定家具、设施的形体、尺度及其使用范围主要依据

家具、设施等与人的行为密切相关，因此它们的形体、尺度都必须以人体尺度为根本依据，为了使家具、设施便于人们的使用，周边必须留有活动和使用它们的最小余地，这些都与人体工程学的内容息息相关。室内空间越小，人停留时间越长，对这些数据测试的要求就更高，例如车厢、船舱、机舱等交通工具内部空间的设计。另外家具设施为人所使用，因此它们的形状、尺寸必须以人体尺寸为主要依据。以座椅设计为例，其坐面需符

图1-3-3 符合人体尺度的办公椅

合大腿、臀部的自然曲线，靠背的支撑部分对应人体上部的着力部位，才能减少不必要的肌肉活动，使人感到更加舒适（见图1-3-3）。

3. 为室内视觉环境设计提供科学依据

在视阈研究中，人眼在水平方向的视域夹角在5°～30°时，字母易于识别；在10°～20°时，则字体易于识别；在30°～60°时，颜色易于识别。根据这方面的研究，我们可以确定室内空间的最佳视觉区域，来决定一些造型、色彩和灯光的搭配关系。

4. 为适合于人体的室内物理环境提供最佳参数

室内物理环境主要与人的感觉、听觉、嗅觉和触觉

等方面有直接关系，其分别表现为：室内热环境、室内声环境、室内嗅觉环境和室内触觉环境。

1.3.2 室内设计与环境心理学

环境心理学是研究环境与人的行为之间的相互关系的学科，主要是从心理学和行为的角度，探讨人与环境的最优化的关系。环境心理学重视生活在人工环境中的人们的心理倾向问题，以心理学的方法对环境进行研究，在人与环境之间注重以人为本，从人的心理特征的角度出发来考虑环境问题。

1.3.2.1 环境心理需要

根据美国人本主义心理学家亚伯林罕·马斯洛（Abraham Harold Maslow，1908—1970）提出的心理需要层次论，人的需要分为多个层次，这些需要正是室内环境心理学的研究视域之一。

1. 安全需要

一旦人的需要中最基本、最强烈、最明显的对于食物、水、住所、睡眠和氧气的生理需要得到充分满足后，就会出现马斯洛所说的安全需要。就安全而言，首先是遮风挡雨和防盗防火等问题，然后是个人独处和个人空间的需要。这些是在进行室内空间组织与限定时的重要理论基础。

2. 归属和爱的需要

对归属和爱的需要往往表现为一种对社交的需要。人是一种社会动物，追求与他人建立友情，并力求在自己的社交团体中获得一席之地。因此在室内设计中，如何营造供人交流、交往的环境氛围也是室内设计师必须认真考虑的一个重要方面。

3. 尊重和自我实现的需要

自我实现的需要一般是指人类有成长、发展和利用潜力的心理需要，这是马斯洛关于人的动机理论中一个十分重要的内容，马斯洛将这种需要描述成"一种想要变得越来越像人的本来样子、实现人的全部潜力的欲望"。在现代室内设计中，如何体现人的这种需求已经成为一项重要的设计内容。

4. 美的需要

马斯洛认为：审美需要的冲动在每种文化、每个时代里都会出现。在现代社会，人的生理需求已经基本得到满足，因此我们更需要注重满足人的高级需求，通过设计创造理想的室内环境，实现人对美感的精神追求。

图1-3-4 某酒吧对空间进行独立划分

图1-3-5 特色餐厅中竹子造型的隔断给就餐者一种庇护感

1.3.2.2 室内环境中人们的心理与行为

对于室内设计而言，在环境心理学范畴内，人的心理和行为模式与室内空间有密切关联的方面主要表现在下面几个方面。

1. 个人空间

人在室内环境中的生活、生产活动，希望不被外界干扰和妨碍，所以不同的活动有其必需的生理和心理范围与领域。

2. 领域感

区域一旦形成，就会在人的心理上产生领域感。人的领域感促使我们对于领域之外的事物会产生陌生和忽视心理，但对于进入自己领域范围的事物会产生防备心理和排斥性。

3. 便捷性

在目标明确或有目的的移动时，人总会选择最短路径前行，我们可以把它归结为人类渴望行为具有便捷性的一种外在表现。在室内设计中对于交通流线的布置我们就要考虑到便捷性的心理因素。

4. 私密性

事实上，行为空间和领域感都在一定程度上体现了人类对于私密性的心理要求。对餐厅、酒吧等聚集性场所进行调查，就会发现那些角落的隐蔽性较好的座位总是比其他座位的入座率要高，所以很多这样的场所对原本开敞型的空间进行人为划分，增加相对独立的空间，以满足顾客的需要（见图1-3-4）。

5. 庇护感

一般来说，坐在背后有树的长凳上，或者靠在门廊和环境建造物旁边的那种依赖感常使我们感觉满足，仿佛得到了呵护和防卫，或许这就是来源于我们对于安全感的一种需要。英国物理学家阿普尔顿（Appleton，Edward Victor，1892—1965）提出过类似的见解："人偏爱既具有庇护性又具有开敞视野的地方，这是生物演化的必然结果，因为这类场所提供了可进行观察、可选择做出反应、如果有必要可进行防卫的有利位置。"室内空间中人们的心理感受不是越开阔越宽广越好，而是更希望在大型空间中有所"依托"的物体，这样更具安全感。如餐厅里各种形式的隔断都会给人一种"庇护感"（见图1-3-5）。

6. 从众与趋光心理

从一些公共场所（如商场、车站等）内发生的非常事故中我们可以观察到，遇到紧急情况时，人们往往会盲目跟从人群中领头的或急速跑动的人的去向，不管其去向是否是安全疏散口。另外，人们在室内空间中流动时，具有从黑暗处往明亮处流动的趋向，而在紧急情况时语言的引导会优于文字的引导。

7. 空间形状的心理感受

由各个界面围合而成的室内空间，其形状常会使活动于其中的人们产生不同的心理感受。如中世纪的哥特式教堂高耸狭长的空间给人一种强烈的向上感和神秘感，表现出一种超脱世俗的宗教色彩。

以上主要是对空间主体行为者心理因素与环境之间关系的分析。此外，根据大量心理学的资料显示，与室内环境息息相关的造型、色彩、材质、灯光等都会对人的心理造成较大影响，所以只有研究它们才能满足人类的心理需求。

1.3.3 室内设计与空调暖通

空调暖通包括供暖、通风和空气调节这三个系统。供暖、通风和空气调节的任务就是向室内提供热风或自然风，来调节室内温度，并稀释室内的污染物，以保证室内具有适宜的舒适条件和良好的空气品质。

1.3.3.1 供暖系统

供暖又称"采暖"，是指向建筑物内供给热量，以保持一定的室内温度，这是人类最早的建筑环境控制技术。供暖系统一般由热源、热网、散热设备（散热器）（见图1-3-6）三个环节组成，热媒由热源加热，通过热网输送到各个散热设备，再由散热设备来调节室内温度。

图1-3-6 民用建筑中常用的散热器

1.3.3.2 通风系统

通风是利用室外空气（或称新鲜空气等）来置换建筑物内的空气（简称"室内空气"），以改善室内空气品质。室内空间的通风可以通过自然通风、机械通风或者是两种方式相结合的形式来实现。

1.3.3.3 空气调节系统

空气调节简称"空调"，就是实现对某一空间内的温度、湿度、洁净度和空气流动速度等方面的调节与控制，并提供足够的新鲜空气。其目的在于创造一个适宜的室内大气环境，使人在该环境中感到舒适，或保证生产和工作在该环境中得以顺利进行。为了实现这一目的，目前所依靠的技术手段主要是通风换气，同时在该过程中对空气进行加热、降温、除湿、加湿、净化等处理。空调系统的设备品种繁多，根据不同的分类方式，可以通过制冷机、冷却介质和空气处理设备设置等几个类型进行分类。

一般来说，空调设备中真正与室内设计范畴内的空间形成直接联系的是各种空调风口，目前风口的类型主要有：新风风口、地板回风口、条缝型风口、百叶风口等，具体造型也不尽相同（见图1-3-7）。空调系统具体的排管布线安置大多由空调设备的专业人员来完成，室内设计师则必须了解这些风口的不同安置方式以及排布空调管线和设备所需要的预留空间，以便与他们形成高效和谐的合作关系。

1.3.4 室内设计与给排水

室内给排水系统由给水系统和排水系统组成。室内给水是将城镇供水管网的洁净水输送到室内的各个水龙头、生产机组设备及消防设备等用水点，包括冷水、热水和中水给水系统；室内排水包括室内污水和屋面雨水排水系统。给排水系统与室内设计联系比较密切的主要是一般给水系统、消防给水系统和污水排水系统。

1.3.4.1 室内给水系统管网的布置方式

室内给水系统管网的布置方式有上行下给式、下行上给式和环状中分式，一般来说，住宅楼、公共建筑多采用上行下给式、下行上给式，而在高层建筑、大型公共建筑和要求不间断供水的建筑以及消防管网中多采用环状中分式给水方式。

1.3.4.2 室内消防给水设施

与室内环境联系最密切的消防给水设施是自动喷水灭火系统中的消防喷淋头（见图1-3-8），发生火灾时，消防水通过喷淋头均匀洒出，对一定区域的火势起到控制作用。常见的喷淋头有下垂型洒水喷头、直立型洒水

单层百叶侧出风口　　双层百叶侧出风口　　0°线条风口

可折式0°或30°风口　　单层手轮式调节百叶侧风口　　铰式回风口

图1-3-7　各种风口

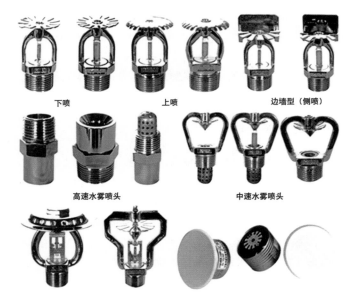

下喷　　　上喷　　　边墙型（侧喷）

高速水雾喷头　　　中速水雾喷头

图1-3-8　常见消防喷淋头

图1-3-9　污水管道存水弯

喷头、普通型洒水喷头和边墙型洒水喷头等。

1.3.4.3　污水排水系统与设施

民用建筑包括住宅和公共建筑，其室内污水排水系统主要与各种卫生洁具和地漏相通。排水系统在室内设计的过程中，如进行二次改造必须特别谨慎，任意破坏地面可能对建筑的防水体系造成伤害，在后续使用中留下建筑上的渗、漏水隐患，特别是各种便器由于排污管口径较大，其位置更不宜二次改动；另外，各种污水管道通常都需设置存水弯（见图1-3-9），可形成5～10cm高度的水封，防止排水系统中的有害有毒气体回流入室内。另外洗浴间和放洗衣机的部位应设置地漏，洗衣机处宜采用能防止溢流和干涸的专用地漏（见图1-3-10），地漏应设置在易溅水卫生器具附近地面的最低处，其地漏箅子应低于地面0.5～1cm。

1.3.5　室内设计与电气系统

电气系统在室内环境中处于核心地位，各类设备运行、照明、空调、通信、保安监控等都依赖电能。电气设计可分为强电设计和弱电设计两部分。强电包含供电、配电、动力、照明等；弱电包含通信、广播、电视、电脑等（见图1-3-11）。

1.3.5.1　强电设计

强电工程中通常选用单相交流电220V，也有个别选用三相交流电380V。其中设计内容包括以下几方面。

（1）照明、空调、加热器等用电设备线路的选择和配套的备用插座的选配。

（2）管线的铺设、安装和连接。

（3）保护元件的安装。

（4）控制面板的安装。

（5）测试与检查。

1.3.5.2　弱电设计

弱电工程是指电话、音箱、宽带网、有线电视等管线的安装。其中设计内容包括以下几方面。

（1）管线、接插件与接头的选配。

（2）管线的独立铺设、安装与连接。

（3）测试与检查。

图 1-3-10 洗衣机地漏

图 1-3-11 某会议室可升降的电脑显示器

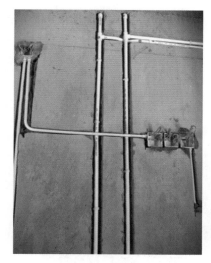

图 1-3-12 将导线管敷设在墙壁内

室内配电线路敷设方式有明敷设、暗敷设两种。明敷设：导管直接（或加上管子、线槽等保护体）敷设于墙壁、顶棚的表面及桁架、支架等处。暗敷设：将导线设在管子、线槽等保护体内，再敷设于墙壁、顶棚、地坪及楼板等内部，或在混凝土板内敷设（见图 1-3-12）。

1.3.6 室内设计与消防安全

消防安全设计是室内设计中不可或缺的一环，由于其关乎人身安全，因此一些公共娱乐场所及饭店的室内消防设计就尤为重要。室内消防安全设计主要包括两方面，一方面是前期的防范，如室内安全通道流线的安排及各种装饰材料对阻燃系数的要求等；另一方面是后期的应急，一旦发生火灾，各种应急设施能立刻作用，缓解灾情，减少损失，如应急照明、消防给水等。

1.3.6.1 消防规范

消防安全在建筑设计阶段就有十分详细的规范要求，室内设计要考虑民用建筑内安全疏散问题，在对空间的流线、通道、格局进行组织时必须严格按照规范要求进行；另外对室内各种装饰材料的应用必须严格按照消防规范执行，否则不仅在完工后的消防验收中难以通过，而且可能带来安全疏散时的隐患，造成不可预估的后果［详见《建筑内部装修设计防火规范》（GB 50222—1995）］。

1.3.6.2 消防报警

在室内设计中要特别强调的是，对火灾作早期预报，设置自动报警系统。报警系统主要由三大部分组成：火灾探测部分，由各类火灾探测器组成（见图 1-3-13）；信号接收部分，由主控机和区域机组成；设备控制部分，由主控机和区域机及相应的控制设备组成。

1.3.6.3　消防施救

施救方面，灭火系统包括消防水灭火系统和气体、泡沫灭火系统。消防水灭火系统包括：消火栓系统、水喷淋系统、水幕系统、室外消防水结合器（室外加压口）。室内给水系统中的消防给水也是室内消防安全设计中极其重要的一环，一方面，安装在各室内空间里间隔排布的自动喷淋系统会即刻启动，均匀密布性洒水，缓解受灾状况或减缓火势蔓延；另一方面，按规范设置的各点位消火栓可给予具体受灾点的集中控制，在消防人员赶至之前实施有效的救火措施。气体、泡沫灭火系统包括气体灭火系统和泡沫灭火系统（见图1-3-14）。

1.3.6.4　消防应急

一旦发生火灾，各种电力设备必须立刻中断运行，因此，在建筑内设置应急照明是十分重要的。所谓应急照明是指在正常照明因故熄灭后，供事故情况下使用的照明，在紧急状况下，人群通常比较慌张，此时各种发光的引导标识就显得十分重要，可以帮助人流即刻朝正确的方向疏散。火灾应急照明的种类有备用照明、疏散照明和安全照明等（见图1-3-15和图1-3-16）。

图1-3-13　烟雾传感器

图1-3-14　气体灭火系统工作示意图

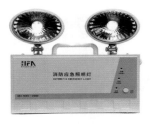

图1-3-15　消防备用照明

图1-3-16　消防疏散照明

图 1-3-17 观演空间墙面和顶棚的吸声构造

图 1-3-18 专业录音棚墙面的吸声构造

1.3.7 室内设计与声学设计

在建筑声学中，声波传播将受到封闭空间各个界面（墙壁、顶棚、地面等）的约束，形成一个比室外空间复杂得多的"声场"。此种声场具有一些特有的声学现象，如在室内距声源同样远处要比露天响一些；在室内，当声源停止发声后，声音不会像在室外那样立即消失，而是要持续一段时间。这些现象对听音有很大影响，因此，为了做好声学设计，该对声音在室内传播的规律及室内声场的特点有所了解。对于演奏音乐的空间，如音乐厅、剧场等，需要混响效果以便乐曲更加舒缓而愉悦；对于使用语言较多的空间，如电影院、教堂、礼堂、录音室等则需要减少混响以使语言更加清晰。因此，不同使用要求的房间需要不同的混响效果，要控制和影响混响，主要在于声源的布控和室内空间造型、材质的运用（见图 1-3-17 和图 1-3-18）。通过在墙面、顶棚进行吸声处理，或悬挂强吸收的吸声体结构来对室内噪声加以控制，以求得较为理想的频率特性。

室内设计作为一门综合性的学科，除了和上述的学科以及工程技术有密切联系，还涉及社会性、民俗学、美学等领域。现代室内设计的发展在于艺术设计和理工学科的优势互补。从总体上看，室内设计学科的相对独立性日益增强；同时，与多学科的联系和结合趋势也日益明显，室内设计的学科领域已经形成了多位立体式的发展趋势。

本 章 小 结

本章介绍了室内设计的含义、室内设计的内容、室内设计与建筑设计的关系、室内设计与相关学科的关系，重点学习了室内设计的基本内容以及与相关学科的关系。

复 习 思 考 题

1. 怎样理解室内设计的概念？
2. 室内设计有哪些内容？
3. 如何理解建筑设计与室内设计的关系？
4. 与室内设计相关的学科有哪些？

第2章 室内设计师素养

【本章概述】

　　本章通过对室内设计师素养的介绍，希望学习者能够掌握室内设计师的任务、职业道德及成为一名合格的室内设计师应具备的技能等相关知识，并为今后的学习制定合适的目标和学习计划。

【学习重点】

1. 室内设计师的任务。
2. 室内设计师的职业道德。
3. 室内设计师应具备的技能。

2.1 室内设计师的职业要求

　　"师"在我们固有的观念中是"师父"、"老师"的意思，实质上是指具有过人的文化素养和经验，在某种程度上代表了先进文化或受人尊敬的先进之士。全球职业化的室内装饰设计师这一称呼最早可以追溯至20世纪30年代，因为这一时期室内装饰业已经成为一个正式的、独立的专业类别。20世纪初，从事室内装饰的艺人开始增加，对于中产阶级的家庭而言，室内装饰的任务往往压在家庭主妇的肩上，她们的任务是如何去选择壁纸、家具、灯具、地毯等。在这个由家庭主妇起决定作用的领域中，因此最早的职业装饰师大多是女性，这个现象也就不难理解。

　　最早的装饰艺术的妇女行会是由美国的惠勒（Candace Wheeler，1827—1923）发起的。1877年，她成立了"纽约装饰艺术协会"，旨在教授妇女装饰技术并帮助她们在经济上独立。后来她又成立了完全是妇女成员的设计公司，成为美国最成功的装修公司之一。1895年，她在《展望》（The Outlook）杂志上发表了题为《作为妇女职业的室内装饰》一文，标志着社会上对妇女从事这一行业的认同。

　　另一位最早的美国职业装饰设计师是德沃尔弗（Elsie de Wolfe，1865—1950），她在《住宅雅趣》一书中写道："家庭反映出的是主妇的个性，男人则永远是客人。"德沃尔弗在早期就提出了用"光、空气和舒适"来代替维多利亚式室内的幽暗、堆砌和拥塞。她的风格有新古典主义的痕迹，喜欢高贵的18世纪法国家具，单纯、简洁，颇受欢迎。有大量设计任务的德沃尔弗无疑已经是一位专业的室内装饰设计师了。

　　今天室内设计师与建筑师、工程师一样是一种职业，是运用物质技术和艺术手段，对建筑物及飞机、车、船等内部空间进行室内环境设计的专业人员。他们往往以个人或团队的方式进行工作，综合地解决空间的功能、形式、材料、结构构造以及声、光、热等技术层面的问题。所以室内设计师所涉及的工作要比单纯的装饰广泛得多，工作的范围已扩展到生活的每一方面。

　　我国的室内设计专业、室内设计教育成形于新中国成立之后，遵照周总理的指示，1957年首先在中央工艺美术学院成立了"室内装饰"系，以后曾数易其名，

1988 年，又将"室内设计"专业范围拓宽，改名为"环境艺术设计"专业，列入国家教委专业目录。随后全国各地的大专院校纷纷开设"环境艺术设计"专业，培养了大量的室内设计专业人才。当前随着我国城市化建设的加快、住宅业的兴旺，导致室内设计师行情一路走高，真正有能力的设计师一直是各大公司挖抢的对象。有关部门数据显示，目前国内对室内设计人才的需求还有很大的缺口，高校输送的相关专业的毕业生无论从数量上还是质量上都远远满足不了市场的需求。当然还有一部分从业的人员并没有经过室内设计专业系统的教育和培训，设计水平不高；同时，由于市场庞大，现有从业的优秀设计师在各个项目中疲于奔命，导致设计质量难以保证。

2.1.1 室内设计师的任务

室内设计的根本目的在于创造满足人们物质和精神生活需要的室内环境，其核心是体现"以人为本"，设计的前提是保障和有利于人们的身心健康。从宏观上看，室内设计应反映相应时期社会物质精神生活的特征，以及人们的精神面貌；从微观上看，室内设计与设计师的专业能力和文化艺术素养有着密切的联系。作为室内设计师，除强调视觉效果外，还要考虑采光、隔声、保温等因素，同时考虑造价、材料等经济因素与施工、防火、空调等工艺因素。另外室内设计的一个显著特点，是它的动态性。随着时代的发展，室内功能会日趋复杂多变，室内装饰材料、设施设备的更新换代的速度也会加快，还会有许多新的内容不断地增加。室内设计的这些特点和要求，不仅赋予室内设计师的重要职业地位和崇高社会责任，而且要求室内设计师全面提高自身素质，努力提高自己的业务能力和职业道德。一个合格的设计师必须完成的任务主要有以下几个方面。

（1）分析使用者的目标、需求和有关生活安全的各项要求。

（2）现场实地测量。

（3）根据相关范围和标准的要求，从审美、舒适、功能等方面系统地提出设计概念。

（4）通过一些具象的表达手段，发展和实现最终的设计建议。

（5）按照通用的设计原则和国家的相关规定，提供出有关空间内部布局、交通流线规划、非承重内部结构、顶面设计、照明、细部设计、材料、装饰面层、家具、

陈设和部分设备的施工图和相关专业服务。

（6）在设备、电气、消防和承重结构设计等方面，可以与其他具有一定资质的专业人员共同进行。

（7）可以作为使用者的代理人，准备和管理投标文件与合同文件。

（8）在设计实施的执行过程和完成时，应对施工的阶段性效果承担监督和评估的责任。

（9）当设计图纸和施工现场出现不符时，应能及时出具技术变更单，协调解决相关问题。

（10）在施工材料选定和后期空间配备家具、陈设、植物等内含物时，可以作为使用者的顾问，帮助选择和指定与空间氛围相吻合的各种物品。

虽然在整个项目的操作过程中，设计师的设计表现是具有决定意义的关键环节，但设计能否达到最佳效果，则有赖于设计、施工、用材以及与使用者的沟通等各个环节的整体相互配合。

2.1.2 室内设计师职业道德

作为一名设计师除应有做人的基本道德以外，还应该具备设计师基本的职业道德，包括良好的职业操守、责任感和执业良知。室内设计作品最终要服务于社会中的广大用户，需要社会投入大量资金、人力和资源。室内设计师不单是服务于投资建设方，更要服务于社会大众，这是室内设计师的天职。室内设计师具备的职业道德包括以下几方面内容。

（1）室内设计是一个服务行业，因而室内设计师应该有一个基本的服务意识。包括充分倾听客户的意见，尊重客户的要求，不要过分固执己见。在项目前期和实施的过程中多从客户的角度考虑问题。无论在项目的任何阶段，都应该始终如一给客户提供一流的服务，提供一流的设计产品。

（2）室内设计师应该在设计的过程当中严格遵守行业规范标准，并通过自己的作品传达一种积极的生活观念、良好的生活方式和健康的审美情趣。

（3）保持积极而理性的职业心态，在碰到挫折和困难时不要气馁，对客户林林总总的不合理要求，要通过既专业又讲求技巧的方式引导说服客户，并最终赢得对方的尊重。

一个有职业道德和设计能力的设计师最终会赢得客户尊重，同时也会获得更多设计机会。

2.2 如何成为一名合格的室内设计师

2.2.1 室内设计师具备的专业素质

所谓素质，即指人在先天禀赋的基础上，通过教育和环境的影响形成的适应社会生存和发展的比较稳定的基本品质，它能够在人与环境的相互作用下外化成为个体的一种行为表现。当今社会的发展使室内设计面临越来越多复杂化的问题，给设计师提出了更高的标准，更新的要求，室内设计师只有不断提升自身的专业素质水平，最终才能提升整个行业的整体水平。

2.2.1.1 相关的专业学科知识

室内设计师要了解和掌握建筑结构、建筑力学以及建筑构造的知识。在实际工作中，室内设计师接触最多的是建筑的结构和细部装修构造等问题。在掌握一般构造原理的同时，室内设计师必须深入了解建筑装饰材料的性质和结构特点，掌握传统材料和各种新型材料的性质和使用方法。在技术上，职业修养较高的室内设计师往往能从艺术的角度来处理结构与构造问题，以令人意想不到的手段创作出新颖的室内空间。

在科学技术高度发展的今天，人们对室内的音响与隔音，照明与采光，取暖与制冷，通风、防火等室内物理环境问题的要求愈来愈高。例如，在有高视听要求的内部空间，对室内混响时间的控制，对合理的声学曲线的选择等技术问题的处理，会直接影响设计的质量；在一些私密性要求较高的工作及生活环境内，设计师务必处理好隔声问题。

设计师对空间造型的艺术处理水平关系到空间的艺术效果，空间艺术形态不是简单的形、色、质的组合，而是在充分了解和掌握空间功能要求的前提下，调动一切造型艺术手段进行综合性的处理，从材料、构造以及所产生的视觉效应诸方面来综合地研究与室内设计有关的形式语言。

2.2.1.2 造型表达能力

一个室内设计师必须具备良好的形象思维和形象表现能力，并具有良好的空间意识和尺度概念，能快速、清晰、准确地表现所构想的空间内容。设计表现是一种专业技能，即用绘画表现设计意图。绘画是设计师的基本语言和基本能力，看似随意的设计笔记、设计速写、设计草图、透视图等，都生动地记录了设计师的思维轨迹，而且成功的灵感往往孕育其中。绘画是设计师设计表现的基本功。作为一种职业技能，绘画能力的提高除了对设计本身有直接的帮助外，还能加强设计师自身的视觉艺术修养。懂得设计语言的表现特点与规律，也就掌握了设计的表现方法和技能，在设计过程中就有了主动权。取得主动权，也就能有所创造。所以，设计师不但要掌握速写、草图、透视图的绘制方法与技巧，还要养成随时记设计笔记的习惯。

（1）速写基本功。速写是在短时间内用高度概括的线条描绘出物体主要形象特征的绘画形式，它具有高度浓缩、简练、个性鲜明的特点。速写已成为室内设计师表达设计意图的一种较普遍的表现形式。所以，速写既是绘画艺术中不可缺少的基本功，又是设计过程中一种重要的表现手段，室内设计师应积极地利用这一表现形式（见图2-2-1）。

图2-2-1 建筑速写

（2）草图表达能力。草图设计是一种综合性的作业过程，也是把设计构思变为设计成果的第一步，同时也是各方面的构思通向现实的路径。在设计过程中无论是从空间组织的构思，还是色彩设计的比较，或者是装修细节的推敲，都可以以草图的形式进行。对设计师来说，草图的绘制过程，实际上是设计师思考的过程，也是设计师从抽象的思考进入具体图式的过程。设计初期，设计师的构思或创意并不是非常完整，往往只是一个粗略的想法，以手绘草图探讨各个不同的设想，并以更多的草图加以比较、反复深化。从草图到三维空间图形，再到更多的草图，这样来回反复地推敲与提升，好的构思和创意才能不断地深化、完善。实际上，草图的过程就是这样一个辅助思考的过程。

设计师的草图有多种形式，可以是以较严格的尺度与比例绘制的平面、剖面等；也可以是完全以符号、线条等表示的分析图；甚至是借助透视技法绘制的比较直观的室内环境分析图（见图2-2-2和图2-2-3）。

各个阶段的草图主要是供设计师自己分析与思考的手段，绘画的形式也无特别的限定，关键是能在草图中表达设计的重点，能够帮助设计师深入思考，发现问题并为设计的深入提供形象的依据。

从草图开始，设计师就应当对室内的功能分区、设计的形式与风格、家具的形式与布置、装修细节及材料等进行统一的构思，确定大致的空间形式、尺寸及色彩等主要方面。

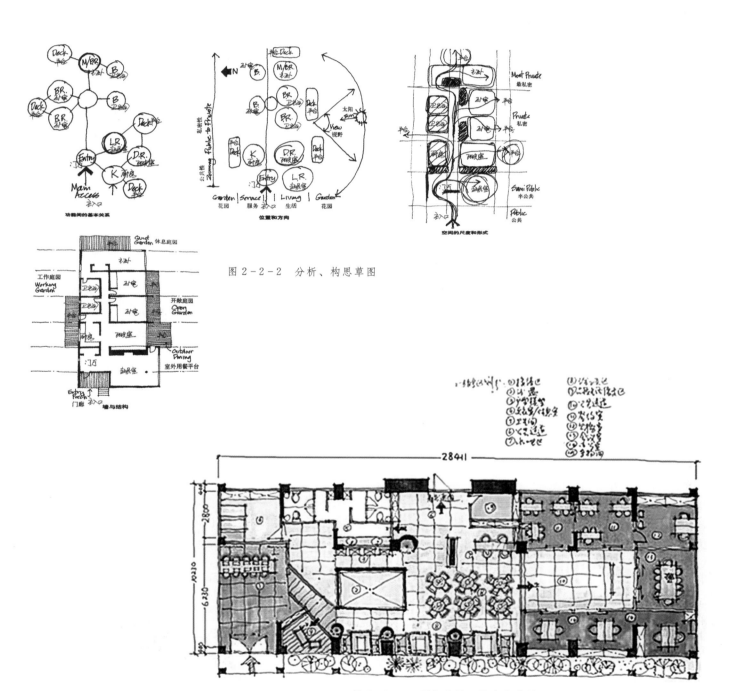

图 2 - 2 - 2　分析、构思草图

图 2 - 2 - 3　严格比例、尺度的草图

2.2.1.3　审美能力

室内设计师首先肩负着"再造"空间的重任，因为最初的建筑空间必须经过整合、改造和局部重构，才能重塑一个更接近人的生活与审美需要的空间形态。就像把菜烧熟谁都会，但是把菜做成色、香、味、形面面俱到，那只有专业厨师能做到。设计师要把空间做的既符合业主的功能需要，又符合业主的经济层次；既符合业主的精神需求，又符合业主的个性定位，那要涉及到很多学问，设计师不仅要有知识的积累，还要有生活和工作的积累；同时还要具备艺术鉴赏、社会阅历、市场阅历、客户心理阅历、工程管理阅历、工程造价阅历、团队合作阅历等，因此，设计师要有较高的职业意识和文化层次，更要有相当强的综合审美判断能力，这种审美判断能力不仅表现在室内设计的某个方面和具体的细节上，更表现在对空间整体形态的把握上。优秀的设计师应一手塑造空间艺术，一手塑造人的精神文化（见图2-2-4）。现代室内设计师还应该培养广泛的兴趣爱好，喜爱各种艺术形式，从而将各种艺术形式的审美修养，转化为一种设计审美的综合优势，在设计中就能触类旁通，举一反三。

2.2.1.4　良好的沟通能力

我们往往会碰到这样两种情况：设计师滔滔不绝地向客户介绍自己的得意作品，而客户不为所动或者并不买账，甚至于全盘否定；另一种情况是设计师展示了一个不错的策划，却讷于表达或表达得很不充分。这两种情况不管哪一种，结果往往都是令人沮丧的。造成这样的结果，当然也有业主的眼光和素养的问题，但很多时候问题不在方案本身，而设计师未能与业主进行有效的沟通，是造成这种结果的直接原因。因此室内设计师应具备良好的仪表风度和恰如其分的表达艺术，在竞争中能够充分表达自己的设计思想及方案并使客户接受，显示自己的实力。这就要求设计师做到设计观念要正确，设计目标要准确，初步方案要丰富，主要方案要精彩，语言表达要生动，并在不断的竞争中逐步培养自己的实际能力，树立自信心。可以肯定的是，一个有着丰富专业知识并做好充分准备的设计师，如果有足够的信心和良好的沟通技巧那么最终一定能获得客户的信任，一旦获得了客户的信任，接下来的事情就好办多了（见图2-2-5）。

图2-2-4　空间中材料美的体现

图2-2-5　室内设计师的沟通

图 2-2-6 造型新颖的壁柜

图 2-2-7 迪拜的帆船酒店

图 2-2-8 上海金茂大厦

2.2.1.5 创新能力

创新是事物发展的原始动力，没有创新就没有今天的物质文明。丰富的想象、创新能力和前瞻性是室内设计师必不可少的，这是室内设计师与工程师的一大区别。工程设计采用计算法或类比法，工作的性质主要是改进、完善而非创新。室内设计则非常讲究个性和独创性，因而室内设计师应具备强烈的创新意识，在实践中逐步确立自己的设计风格。唯命是从的设计师是没有个性的。要想成为优秀的设计师就必须在自己的作品中流露出一种个性，张扬、含蓄、色彩绚丽都是个性的表现方式。设计师与众不同的作品会让别人眼前一亮。不断地激发自己的灵感和创意，不断地磨炼自己的创意，让自己与

市场尽快融合，让创意在经验中成长（见图2-2-6和图2-2-7）。

室内设计师还要眼光开阔，思想敏锐，勇于创新，具有开拓精神，要善于吸收新的东西，不故步自封；还要有良好的心态，敢于面对挫折与失败，有勇往直前的坚毅品质。

2.2.1.6 综合能力

室内设计师在科技高度发展的今天，会面临越来越多的科技方面的问题，设计师对各种专业技术知识的掌握度不可避免地成了自身职业修养的一部分。一个合格的设计师必须熟悉各种生产工艺和材料性质，必须懂得生产的各个技术环节、工艺过程，才能使自己的设计紧密结合实际，才能充分利用生产工艺和原材料的一切有利因素切实可行的为设计方案服务。一个合格的设计师还应随时注意不断出现的新材料、新工艺，创造新的设计（见图2-2-8）。

2.2.1.7 工作技巧

工作技巧主要指协调和沟通技巧。这里涉及管理的范畴。在进行大型公用建筑室内设计时，需要进行大量的相互协调工作，牵涉到业主、施工单位、经营管理方、建筑师、结构、水、电、空调工程师以及供货商，所以善于协调和沟通才能保证设计的效率和效果。另外随着专业的发展和细化，今后专业间合作、国际间合作的机会也会越来越多，这对设计师能力亦是一个挑战。当今设计师大多强调自我意识和追求个性，而缺乏合作

精神，在设计过程中，常常因为过于强调个人意见而导致合作失败，因此合作意识和合作能力都是设计师需要培养的。

2.2.1.8 市场意识

设计中必须考虑生产（包括成本）和市场（包括顾客的口味、文化背景、环境气候等）方面的因素。脱离市场的设计肯定不会被看好，那室内设计师也不会被看好。

总之良好的专业素质可以直接反映在设计师的作品上，要想成为别人尊重的设计师，首先要磨灭年轻的浮躁，在道德的约束下才能提高艺术品位。因此要想成为优秀的室内设计师必须先提高自己的专业素质。

2.2.2 怎样成为一名合格的室内设计师

要成为一名合格的室内设计师，教育、经验和考试都不能缺少。科班出身打下一个好的基础；然后到设计单位通过实践，把业务提升一下；再通过全国注册室内设计师考试考取证书，这就基本算是一个合格的室内设计师了。

2.2.2.1 正确的定位

所谓正确的定位是指首先要充分的了解自己是否适合做室内设计师。每个人都有自己的聪明才智，只有把他的聪明才智用到擅长的方面，他才有可能取得成功，而室内设计是一个与艺术密切相关的行业，这就要求想成为室内设计师的人首先要对自己有充分的认识，看看自己是否属于擅长形象思维的那个类型。

2.2.2.2 接受正式的专业教育

选择正规的专业教育，为成功打下好的基础。目前我国的室内设计专业教育发展较快，学生通过基础课、专业基础课、专业课的学习为今后执业搭建一个平台、一个基础。从室内设计专业本身特点来看，它是一个综合性极强的专业，其涉及的学科更是非常广泛。因此，要为今后成为设计师打下坚实基础，就必须系统学习相关知识。宏观的说，这些学科包括政治、经济、哲学、宗教、艺术、文化等，微观的说，这些学科包括建筑学、心理学、色彩学、材料学、结构力学、声学、光学、电学等。室内设计教育是一种素质教育，是一种传承历史、文理兼容、创造新文化的途径和手段。学校应开设的各种课程如下所述。

（1）美术基础，开设如结构素描、光影素描、户外写生、建筑速写、构成等美术类课程。

（2）手绘部分，开设如手绘效果图、钢笔画、手绘表现技法、手绘施工图等。

（3）电脑辅助设计课程，如 CAD 制图：制图标准、平面图、立面图、剖面图、节点大样图、施工图等绘制；3DSMAX 效果图：3DSMAX 建模、灯光、材质、室内、外效果图设计；Photoshop 后期处理：室内外效果图后期处理、灯光的处理、植物、人物的添加等。

（4）理论部分，开设设计概论、中外建筑史、室内设计基础、人体工程学、建筑装饰材料与构造、家具与陈设、室内绿化艺术、室内照明与色彩、室内工程报价与预算、室内工程技术、室内设计师实务等课程。

（5）设计课程，通过对居住空间、餐饮空间、办公空间、娱乐空间、商业空间、展示空间等的方案设计提高自己的设计能力。

室内设计是艺术与科学交叉的学科，要想培养一名合格的设计师，除了要有丰富的专业基础知识和较高的艺术修养外，还要对相关学科的专业知识做充分的了解。如开设环境心理学、建筑知识概论、建筑物理和建筑设备、小型建筑设计、园林设计等课程，加强学科间的联系，拓宽专业基础知识。还可以通过专家讲学、讲座和素质拓展教育等多种形式将课堂教学延伸，为培养复合型和实用型设计人才奠定坚实的基础。

2.2.2.3 工作经验的积累

走出校门面对的就是市场，通过设计劳动，得到甲方认可，并拿到合同，实现利润。这个设计的目的已经和在学校的时候发生了质的变化。在实际工作中设计的内涵增加了许多人为的因素，比如说什么是好的设计？这时设计的好坏，除了设计行业本身约定俗成的评定标准外，还应该补充一点：好的设计应该是能够拿到订单的设计。而且后一点对于装饰公司或设计公司来说尤为重要。要实现这个目的，设计师应该做到以下几点。

（1）放下架子，无论是什么样的学校毕业的，在学校的水平有多高，刚走向工作岗位的人就是一个无知的人，只有虚心向有经验的人请教，这是成功的必要条件。

（2）经常下工地，了解施工流程和各种工艺做法是一个设计人员必须走过的路程，要到工地虚心地向工人师傅学习，任何书本上写的工艺都不如亲眼看见工人师傅直接作业,不懂工艺的设计师绝对不是好的设计师。另外在工地你会接触到和装修设计相关的其他专业的知识,这对自身专业提升都百利而无一害。

(3)熟悉装修流程。室内设计师应该清楚自己在室内设计行业中的位置,自己在整个工作环节中的作用,并结合所在公司的情况尽快掌握设计的习惯和流程,这个流程和习惯由于公司的不同可能稍有差异。

2.2.2.4 通过认证考试

我国室内设计在飞速发展中还存在着不少问题,从事室内设计的人员可谓鱼目混珠,水平参差不齐。为了规范室内设计行业,保障业主与设计人员的合法利益,建设部与人事部提出在2004年开始推行注册室内建筑师制度,希望以此提高我国的室内设计水平,加速与国际室内设计行业的接轨。目前,我国对室内设计师的专业认证考级制度已经开始起步,如由中国室内装饰协会组织实施的"全国注册室内设计师考试",将其划分为四个等级,分别是"助理室内设计师"、"室内设计师"、"高级室内设计师"和"资深室内设计师"。凡经考核认证合格的设计人员,均可得到相应的技术岗位证书,该证书在全国建筑装饰行业内和建筑装饰市场上通用有效(见图2-2-9)。

一个优秀的室内设计师,应该既是一个专业知识全面,善于总结经验的专业人才,更是一个充满想象力,

图2-2-9 室内设计师资格证书

富有敏锐的洞察力,热爱生活的人。这需要以扎实的专业知识,宽和的心态,敬业的精神,优雅的风范,深厚的修养,不卑不亢的态度,自得其乐的心情,并通过合作的能力,妥协的技巧,灵活的手腕和适应力来赢得尊重。

本 章 小 结

本章通过对室内设计师任务、职业道德、专业素质的学习,进一步思考成为一个合格的室内设计师应具备的技能和素质,为增强学习目标与提高学习效率奠定基础。

复 习 思 考 题

1. 什么是室内设计师?
2. 室内设计师应具备哪些专业素质?
3. 怎样成为一名合格的室内设计师?

第3章 室内设计发展概况

【本章概述】

本章重点讲述了中西方室内设计的发展过程以及两者的特征。通过历史的变迁，从中回顾和发现设计史上的闪光点，从而应用到现在的设计中。也感悟到中西方文化的不同，导致的东西方室内设计表象的千差万别。更好地去把握当今室内设计的发展趋势。

【学习重点】

1. 中国传统室内设计的框架结构。
2. 西方室内设计的演化过程。
3. 如今室内设计的发展方向。

3.1 中国传统室内设计的特征及演化

3.1.1 一脉相生——中国传统室内设计的特征

在中国传统建筑中，虽然没有室内设计这一说法，但是中国的传统室内装饰却是历史悠久，底蕴丰厚，具有独特的文化特性和人文精神。可以说从原始社会建造穴居或者巢居的时候开始，相应的室内装饰也随之展开。

中国传统室内装饰在世界室内装饰史上占有举足轻重的地位，它以木结构为主，与西方的石材结构有着不同的发展脉络，这也使得中国传统室内装饰始终表现出浓厚的大陆色彩、农业色彩和儒家文化色彩，表现出鲜明的地方性和民族性。

3.1.1.1 内外一体化

中国传统建筑因为有"墙"的存在（例如城墙、宫墙、院墙），所以自然在空间上有了"内"、"外"之分。内外空间的沟通形式主要涉及到以下四个方面。

（1）直通：指的是内部空间直接面对庭院、街道或者广场，让两者连成一体，使得室内与室外得以融合。

因为中国的许多传统建筑都用到了隔扇门（见图3-1-1），它本身就具有可拆卸性，当遇到重大节庆或者婚嫁、寿宴时，将其拿下就可在庭院中举办仪式。

（2）延伸：将厅堂以跳台或者月台的形式延伸到室外，这些月台或者跳台大多架空在水面之上，凌空而建，使得人们近距离的接触自然，与自然融合，从中获得平和的心境。

（3）借景：是中国园林的传统手法。即有意识地把外在的景物"借"到室内视景范围中来。借景因距离、视角、时间、地点等不同而有所不同，通常可分为直接借景和间接借影（见图3-1-2）。

（4）过渡：房屋前面的回廊成为一个过渡空间，使得内外融合，空间的变更自然流畅。为人们劳作、防晒、躲雨以及日常休息提供了处所。

3.1.1.2 布局灵活性

中国传统建筑以木结构为主要承重体系，建筑用梁、柱承重，墙仅起围护作用，故有"墙倒屋不塌"之说。这种结构体系，为内部空间的分隔提供了极大的灵活性。

图3-1-1 隔扇门

图3-1-2 借景使室内外一体化

图3-1-3 罩既能丰富空间层次，又能增加装饰性

图3-1-4 匾额

因此，中国传统室内建筑在布局上就极其灵活多变。厅、堂、室的分隔有封闭的，有空透的，更多地表现为"隔而不断"、"你中有我，我中有你"。

传统建筑中的空间分隔物有多种形式。

（1）屏风。古时建筑物内部挡风用的一种家具，所谓"屏其风也"。屏风作为传统家具的重要组成部分，历史由来已久。屏风一般陈设于室内的显著位置，起到分隔、美化、挡风、协调等作用。

（2）隔扇。中国古代门的一种。也写作槅扇，系由宋式格子门发展而来，用于分隔室内外或室内空间。根据建筑物开间的尺寸大小，一般每间可安装四扇、六扇或八扇隔扇。

（3）罩。罩是一种比隔扇更加独特的隔断。它具有明显的隔透功能，而且灵活、轻盈。既能丰富空间层次，又能增加环境的装饰性（见图3-1-3）。

（4）帷幕。用纺织品作为空间的分隔物有着悠久的历史。纺织品的图案、颜色繁多，纹理、质地不同，易开易合，易收易放。既能达到装饰性，又能起到很好的

分隔作用。

3.1.1.3 陈设多样化

中国传统建筑的室内陈设有很多独特的要素，例如书法、盆景和大量的民间工艺品。而这些要素本身也是极其多样化的，涉及家具、雕刻、书法、绘画、日用品和工艺品等。

（1）书法。在中国悠悠五千年的文化中，中国书法作为中国独有的特殊艺术瑰宝，经过时间的锤炼在不同时期拥有不同的意义和价值。

（2）匾额。中国传统建筑大多有在厅、堂悬挂匾额的习惯。匾额（见图3-1-4）是古建筑的必然组成部分，相当于古建筑的眼睛。

（3）盆景、奇石。中国的传统建筑室内还常常以盆景、奇石作为陈设。盆景是中华民族优秀传统艺术之一。

（4）中国民间工艺品。民间工艺是大众生活的民俗艺术，是经济和文化的双重载体。民间工艺品有：微雕、陶瓷、布艺、木艺、果核雕刻、刺绣、毛绒、皮影、泥塑、紫砂、蜡艺、文房四宝、书画、铜艺、装饰品、漆

器等。这些无一不是室内环境的最佳饰品。

3.1.1.4 构件装饰化

中国传统建筑以木结构为主要体系，在满足结构要求的前提下，几乎所有的构件都进行了艺术加工，在不损害功能性的前提下，体现了装饰价值（见图3-1-5）。

3.1.1.5 图案象征化

象征是艺术创作的一种基本手法，在中国的传统艺术中应用非常广泛。按《辞海》"象征"的解释，所谓象征，就是"通过某一特定的具体形象以表现与之相似的或接近的概念、思想和情感"。就室内装饰而言，就是用直观的形象表达抽象的情感，达到因物喻志，托物寄兴，感物兴怀的目的。如五福捧寿——以"蝠"谐"福"，其貌不扬、夜间出行的蝙蝠，就是因为与"福"同音，被人们当成了可以带来幸福的天使。另外象征也可以利用直观的形象表示延伸了并非形象本身的内容。在中国传统建筑中，有很多绘画或者雕刻是以梅、兰、竹、菊为题材，他们的品质分别是：傲、幽、坚、淡。

3.1.2 一脉相承——中国传统室内设计的演化

3.1.2.1 原始时期——朦胧的设计意识

原始时代因为人类所用的工具和武器主要为石器，所以又称为石器时代（分为旧石器、中石器、新石器三个阶段）。

据考古发现，新石器时代的半坡原始村落遗址（见图3-1-6）中包含地面、半地穴和地穴式三种建筑，这是我国最早的建筑。南北方因为地理气候不同，使得原始建筑的居所大体分为了巢居和穴居。总体上说，巢居适于南方，并逐渐演化成干阑系列，穴居则适于北方。

原始时代的房屋（见图3-1-7），空间组织简单，但多少都有了相应的功能划分。原始时期房屋地面为土，穴底大多经过了夯实或者火烤，已达到防潮、防水的目的。在新石器时代后期，更是有使用石灰的考古发现。当时的建筑已经有了简单的装饰，有二方连续、刻画平行线和压印圆点的图案。

3.1.2.2 夏商与西周时期——进入文明时代

随着生产力的提高，夏商与西周的建筑有了很大发展。当时已经有了较为成熟的夯土技术，而青铜器具的使用，为木构技术及版筑技术的发展提供了便利，利用这

图 3-1-5 全聚德餐厅

图 3-1-6 半坡遗址模型

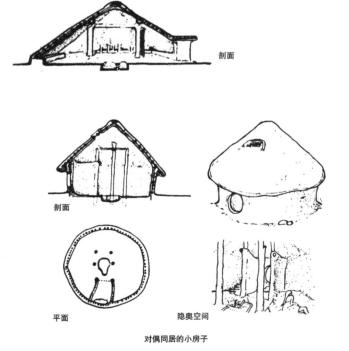

图 3-1-7 原始时代的房屋

些技术可建造出相当规模的陵墓和宫殿。西周在实行分封制后，筑城和宫室的制度日益完善，形成了标准的居住制度和等级秩序，使之更加合乎于"礼"。在技术上榫卯和瓦当的应用也是一大进步。

夏商西周的建筑，平面大都为矩形，可以参考二里头宫殿遗址（见图3-1-8）。有些已经有了前廊和围廊。内部已经明确了开间的概念，功能分区也日益科学。当时的宫殿差不多都用到了庭院式布局，建筑已经可以明显的划为台基、屋身、顶层三大段，墙面还绘有彩绘，木构件上也有雕刻的花纹。

这一时期，人们都是席地而卧，所以当时家具种类稀少，多为木质的几案。商朝因为青铜器发展鼎盛，故而也出土不少商朝的青铜家具（见图3-1-9）。

3.1.2.3　春秋战国时期——一次重要的转折

春秋时期，由于铁器的使用，社会生产水平有了很大的提高。木构架已经成为建筑的主要结构方式，建筑装饰得到了长足的发展，出现了作为宫室的高台建筑，涌现出很多以高台建筑为中心的诸侯城市。斗拱技术的应用更加普遍，建筑装饰更加华美。

春秋战国时期的建筑平面日益多样化。住宅中已经有了"一堂二内"的雏形。宫殿和庙宇的布局也是内外分离，进行了合理的空间布局。此时的人们已经掌握了木材干燥和涂胶等科技，还创造了许多榫卯形式。春秋时期的著名木匠鲁班，是中国第一位有名有姓的建筑师和家具师。因为席地而坐的习惯，此时家具依然是低型家具时期，如卧榻式床、凭几、食案、衣箱，这些家具的总体特点是造型古朴、用料粗犷、漆饰单纯（见图3-1-10）。

图3-1-8　二里头宫殿遗址

图3-1-9　商朝青铜器

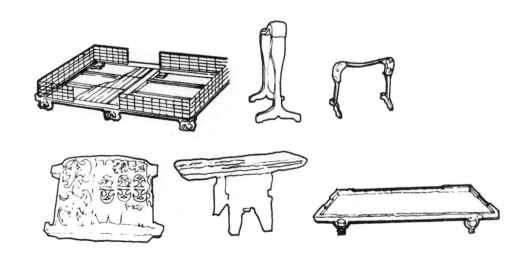

图3-1-10　低型家具

3.1.2.4　秦汉时期——迎来第一个高潮

秦汉时期社会生产力进一步发展，建筑有了显著的进步，修建了举世瞩目的都城、宫殿、陵墓。木构架结构已趋于成熟，砖石建筑得到普及，拱券结构有了相当程度的发展。汉代的斗拱已有"一斗二升"、"一斗三升"等形式。

秦汉建筑无论宫殿、住宅大多采用矩形平面，有利于使用且便于建造，此时的宫殿为了政治需要都体量巨大。内部空间组织是与建筑的规模与性质密切相关，采用了"前堂后室"、"前朝后寝"的形式。在内外空间的关联上则注重虚实转换、远景近借、天地相应（见图3-1-11和图3-1-12）。

建筑装饰在秦汉时期也得到相当程度的发展。壁画、画像砖（见图3-1-13）、画像石（见图3-1-14）、瓦当得到大量的使用，对此，汉代史籍中的记载颇为丰富。结合现存的墓室、墓阙以及冥器、汉刻之类的间接材料，对于汉代室内的结构和形状便可知其大概。

秦汉时期，人们依然席地而坐，因此，秦汉时期仍是低型家具的高峰时期。茵席就在汉画像砖中多有出现。床和榻在功能上也有不同，床高于榻，可坐可卧；榻则窄于床，仅供单人独坐或二人同坐。汉代手工业发达，产品数量增多，陈设品也日益丰富。铜器已经进入了寻常百姓家。

3.1.2.5　魏晋南北朝时期——又一次重要的转折

魏晋南北朝时期，是我国历史上一个长期混战的时代，社会经济、文化遭受到严重的摧残和破坏。这个时期的建筑有三个方面是要特别提的：①城市规划与建设有突出的成就，兴建了很多新的城市；②佛教建筑的兴起，使得建筑有了新类型如佛塔、石窟；③园林有了新契机，营造观念逐渐从大尺度的形似向小尺度的神似自然转变（见图3-1-15）。

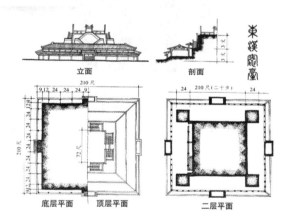

图3-1-11　汉代建筑图纸（一）

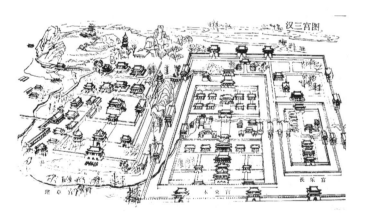

图3-1-12　汉代建筑图纸（二）

图3-1-13　画像砖

图3-1-14　画像石

宫室内部空间基本承袭了秦汉的制式（见图3-1-16）。佛教建筑中的石窟建筑，作为一种特殊的建筑类型，展现在众人面前。

此时的装饰装修多体现在墙上、柱上、斗拱上面涂饰，地面则是以土、砖石为主。由于受外来佛教艺术的影响，此时期的佛像、壁画艺术等方面都有了巨大的发展，建筑艺术也更加成熟。魏晋南北朝时期，起居形式多样化，已经出现了一些垂足而坐的高坐具。这时的高坐具有凳椅、胡床和绣墩。

3.1.2.6 隋唐五代时期——在新高潮中走向成熟

隋唐五代是我国建筑艺术的成熟时期。隋朝统一中国，兴建都城大兴城和东都洛阳，大规模建造宫殿和苑囿。大兴城规模宏大超过前代，规划整齐，分区明确。唐代政治安定，佛道两教兴盛，宫殿寺庙建筑取得了巨大成就，是中国建筑的全盛及成熟时期。长安城（见图3-1-17）是当时世界上最大的城市，也是我国古代规模最大的城市。

隋唐宅院从空间角度看，是多空间的组合体。内外关系明确，主次空间分明，整体布局紧凑，功能分区合理。宫殿、陵墓等建筑突出主体建筑的空间组合，强调纵轴方向的陪衬。在处理内外空间的关联上，注重借景；在群体布置上因地制宜。建筑的墙壁多为砖砌、土墙以及砖墙则涂白，木板、木柱常涂朱红色，流行的设色方法是"朱柱素壁"、"白壁丹楹"。

这一时期也是我国家具史上一个变革时期。高型家具在原来的基础上有了较大的发展。人们的起居习惯呈现出席地跪坐和垂足而坐并存的现象。隋唐家具内容丰富，造型雍容华贵，色彩富丽洒脱，在艺术上有很高的水准（见图3-1-18）。

3.1.2.7 宋、辽、西夏、金时期——在两个高峰间承上启下

两宋手工业与商业的发达，使建筑水平也达到了新的高度。北宋时期的城市结构和布局发生了改变，由汉朝以来历代都城的封闭式里坊制度变成了开放式的沿街设店，使得汴梁成为一座商业城市。在建筑空间的形式上注重了水平方向上和垂直方向上的变换。北宋李诫编修的《营造法式》（见图3-1-19），包含了建筑各部的形制、做法、工限和"料例"，并配有大量图片，是我国建筑标准化和定型化的标志性文献。

图3-1-15 佛教建筑

图3-1-16 宫室内部空间

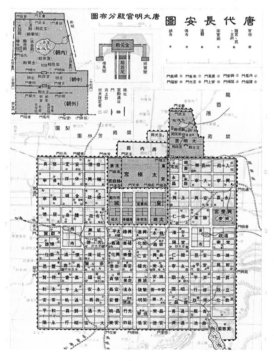

图3-1-17 唐代长安城平面图

图 3-1-18　隋唐家具

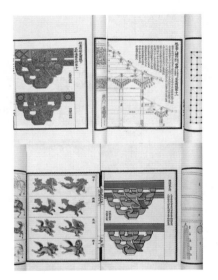

图 3-1-19　《营造法式》

图 3-1-20　宋代瓷器

图 3-1-21　游牧民族的毡帐

图 3-1-22　北京十三陵

图 3-1-23 天坛

【明式螭地龙纹圈椅】
此椅上部以弧线造型，椅圈造型如弯弓蓄势待发，力度饱满内敛，形象刚健生动，椅盘以下则全以直线构架，形式者直方正，略身回首，一张张卷曲的螭龙，天圆地方，意蕴玲珑面清秀。

【明式架几式画案】
此案结体硕大，案面长达二米六五，用料厚重，纹理华美瑰丽，为保持板材之原貌，以架几案方式结体，面板两侧各下承带屉长几，结构简洁明朗，气的雄浑雅力。

图 3-1-24 明清家具

宋代的工艺美术得到了长足的发展，从而大大推动了室内陈设艺术的发展。手工业分工细致，产品丰富精美。首推的就是宋代的陶瓷，不论是技术还是艺术水平都达到了极高的程度（见图 3-1-20）。

3.1.2.8 元代——承袭传统，略有变异

元朝的建立，对中国建筑的发展起到了一定的阻碍作用。由于统治者崇信宗教，使得此时宗教建筑异常兴盛。藏传佛教和伊斯兰教建筑艺术逐渐影响各地，出现了众多的喇嘛教寺院。元代建筑结构体系为两类：一种是广泛用于游牧民族的毡帐（见图 3-1-21）；另一种是都城及其他城市中的木结构建筑。

3.1.2.9 明清时期——古典室内设计的完善与终结

明清建筑是继秦汉、唐宋建筑之后，中国建筑史上的最后一个发展高峰。明朝的制砖业极为发达，砖石得到广泛的应用，民间建筑中也多用砖瓦。木构架结构到明代形成了新的定型的木构架，建筑形象较为严谨稳重。建筑群的布置更为成熟，善于利用地形和环境来形成陵墓肃穆的气氛，如南京明孝陵和北京十三陵（见图 3-1-22）。

明清建筑完全定型化、规格化，且组群序列形式丰富，在盛清时期形成了中国建筑雍容大度、严谨典丽、机理清晰而又富有人情趣味的典型风格（见图 3-1-23）。

明清时期，建筑装修与装饰迅速发展成熟。宫式建筑的装修、彩画、装饰日趋定型化。民间建筑则样式丰富、构图自由、风格质朴。作为空间分隔物的飞罩、栏杆罩、落地罩、壁纱罩、落挂和帷幕都极具特色。明清家具是中国传统家具的高峰期（见图 3-1-24）。此时的家具重视微观，更加讲究做工的细腻，使得中国传统家具达到了一个前所未有的水平。

明清是工艺品、陈设品全面发展的时期，室内陈设的丰富性和艺术性，之前的历朝历代都无可比拟。

3.2　西方室内设计的演化及主要特征

西方室内装饰演化涉及范围广，内容丰富多彩，对当代室内设计的发展具有非常重要的参考意义和借鉴意义。

3.2.1　原始社会末期到早期文明

人类最早的遮蔽场所可能是被发现的天然洞穴，也可能是由手工或简单的工具，用材料做成的洞穴。不论什么样的遮蔽场所都是采用简易材料或轻质材料造成的——例如树干、树叶以及一些非常粗糙的石头（见图3-2-1），这些材料易于拆卸，而且使用起来非常方便，很容易获得适当尺度的遮蔽场所。

对人类文明起到关键作用的重大发明或发现是对火的应用、语言的发明和农业的发展。在这三项发明中，农业起着定居农耕的作用，当食物供应可以保证时，人们就考虑建造永久性住房。所以早期人类文明的发源地都在大河流域，因为农作物产量高，人民生活有保障。如埃及的尼罗河流域和在底格里斯河和幼发拉底河之间的近东地区，也称之为美索不达米亚地区。

3.2.2　古代时期

3.2.2.1　埃及的文明

古埃及建筑（约公元前3200年～公元前30年）遗留有比较完整的材料可供研究，虽然没有完整的室内遗存，但仍然可以从许多遗物中获得室内空间的清晰概念。古埃及金字塔是所有古埃及遗存中最著名的和最大的建筑。

新王国时期的建筑以神庙为代表，如古埃及卡纳克的阿蒙神庙，庙前雕塑及庙内石柱的装饰纹样均极为精美，神庙大柱厅内硕大的石柱群形成气氛极为压抑的厅内空间，营造了古埃及神庙所需的森严神秘的室内氛围和适应仪典的神秘性，这是神庙的精神功能所需要的。神庙的艺术重点已从外部形象转到了内部空间，从雄伟而概括的纪念性转到内部空间的神秘性与压抑感（见图3-2-2～图3-2-4）。古埃及贵族府邸的遗址中，抹灰墙上绘有彩色竖直条纹，地上铺有草编织物，配有各类家具和生活用品。

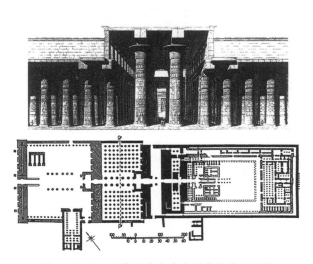

图3-2-1　早期人类遮蔽场所　　　　　图3-2-2　古埃及卡纳克的阿蒙神庙平面图

图 3-2-3　古埃及卡纳克的阿蒙神庙　　　　　图 3-2-4　古埃及神庙内部

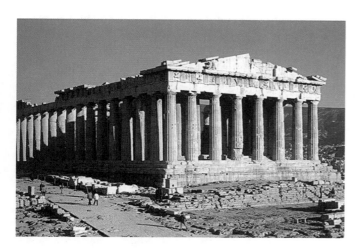

图 3-2-5　帕提农神庙

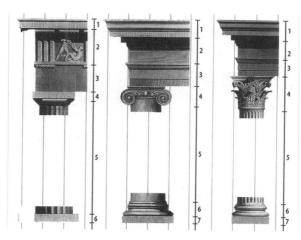

图 3-2-6　三种柱式

3.2.2.2　古希腊

　　古希腊的建筑艺术和室内装饰已发展到很高的水平，一些建筑物的形制和艺术形式深深地影响着欧洲两千年的建筑史。神庙是从爱琴时代的正厅发展而来，原来正厅是作为宫殿的大殿——因此它就作为神的宫殿，这是逐渐趋向民主社会的要求。神庙最明显的建筑形式是采用周围柱廊的形式，一般在正立面和背立面采用六柱或八柱式。如著名的帕提农神庙（见图 3-2-5）。希腊建筑发展中必须提及的是此时形成的三种柱式：多立克柱式、爱奥尼亚柱式、科林斯柱式（见图 3-2-6）。这三种柱式在其后的西方古典建筑中都得到了广泛的应用，并且被不断丰富。

　　除了神庙之外，古希腊的主要建筑类型并不强调封闭的室内空间。古希腊的剧场（见图 3-2-7）是敞向天空和大自然的，它带有一层层露天的座位环绕成半圆形，并有一个圆形的乐池作为舞台之用。

3.2.2.3　古罗马

　　古罗马时期是继古希腊时期之后的又一大文明发展期，它经历了王国早期、共和国时期、帝国时期等多个历史发展阶段。王国早期是罗马建筑开始初步发展时期。共和国时期，人们发明了混凝土和拱券技术。帝国时期则是古罗马建筑形制、类型、数量都大幅度增长时期。此时的建筑比古希腊更注重实用性，建筑的外观虽然重要，但更有价值的是内部的空间。

　　古罗马时期形成和完善了五种柱式：塔斯干柱式、

多立克柱式、爱奥尼亚柱式、科林斯柱式、混合柱式。但这些柱子大多数情况下已不是承重的结构体，而是附在墙壁上，成为装饰的柱子（见图3-2-8）。

古罗马时期拱券与穹隆顶形式用于建筑当中。古罗马时期建筑的杰出代表万神庙（见图3-2-9和图3-2-10）。室内高旷的拱形空间，是公共建筑内中厅设置的原型。万神庙的内部空间在功能、结构、形式和视觉艺术效果上都是和谐统一的。穹顶象征天宇，中央开一个直径为8.9m的圆洞，象征着神和人类世界的联系。另外，古罗马时期还有大量世俗建筑，如广场、角斗场、竞技场、剧场、浴室等。

3.2.3 中世纪时期

3.2.3.1 早期基督教、拜占庭和罗马风

公元400年左右，罗马的世界统治地位急剧衰落，罗马帝国分裂为东西两个帝国，各自都有自己的首都和皇帝。集中在东罗马的艺术作品被称为拜占庭式，此后，罗马风的出现才逐渐统治了中世纪欧洲的设计。

拜占庭建筑（见图3-2-11）里古罗马的穹顶结构和集中式形制，创造了穹顶支撑在四个或更多的独立柱子的结构方法和穹顶统率下的集中式形制建筑。由于地理关系，又汲取了波斯、两河流域和叙利亚等东方文化，形成了拜占庭建筑自己的风格。主要特点：①屋顶普遍使用"穹隆顶"；②整体造型中心突出，体量高大的圆穹顶成为构图中心；③色彩使用上既变化又统一，使建筑内部空间与外部立面显得更加灿烂夺目。拜占庭建筑最著名的代表是君士坦丁堡的圣索菲亚大教堂（见图3-2-12）。教堂最大的成就就是使用了帆拱，促进了穹顶建筑的发展。另外大厅的彩色玻璃、柱墩和内墙的大理石以及穹顶内贴的蓝色和金色马赛克，使室内色彩交相辉映，既丰富多彩，又和谐统一，呈现出神圣、高贵的景象。

图3-2-7　古希腊的剧场

图3-2-8　不同柱式

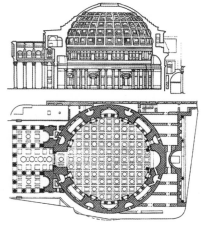

图3-2-9　万神庙平面图和剖面图

图3-2-10　万神庙内部

图 3-2-11　拜占庭建筑

图 3-2-13　哥特式建筑

图 3-2-12　圣索菲亚大教堂内部

3.2.3.2　哥特式建筑时期

　　哥特风格最早期萌芽于 11 世纪，一直到 12 世纪 30 年代才开始真正流行，并逐渐成为中欧和西欧各地的主流建筑形式，13～14 世纪达到鼎盛时期，15 世纪逐渐衰落，被文艺复兴风格所替代。

　　哥特风格创造出的新的建筑形式相对之前的建筑形式而言更加实用，不论是内部高敞的空间，还是大面积的开窗都受到了人们的喜爱（见图 3-2-13）。哥特风格的建筑中取得最大成就的仍然是宗教建筑。哥特式教堂结构体系由石头的骨架券和飞扶壁组成，将建筑的重力转移到外部地基上，墙壁不再起支撑整个建筑的作用，所以墙上修建了许多巨大的窗户和拱门，使内部空间更

高旷、单纯和统一。装饰细部都用尖券做主题，窗户是轻巧的框架组成，安装了宗教主题的彩色玻璃窗画，玫瑰窗是哥特式建筑最壮观的建筑图式之一（见图 3-2-14 和图 3-2-15）。光线从玻璃窗花中透入时，教堂内会有绚丽夺目的效果。

3.2.4　文艺复兴时期

　　文艺复兴是指 13 世纪末在意大利各城市兴起，以后扩展到西欧各国，到 16 世纪在欧洲盛行的一场思想文化运动，它带来了一段科学与艺术革命时期，揭开了近代欧洲历史的序幕，被认为是中古时代和近代的分界。

　　文艺复兴时期的建筑，主要特点表现在多个方面：

图 3-2-14　兰斯大教堂内部

图 3-2-15　圣丹尼斯修道院

图 3-2-16　佛罗伦萨主教堂

①由于资产阶级的日益壮大，这时的世俗建筑得到了很大的发展，尤其是较为富裕的资产阶级成员所建的大型府邸，可明显体现出建筑对古典规则的应用及新形式的出现；②在建筑技术方面，使古罗马时期盛行的穹顶结构得到了很大的发展；③将遗弃已久的古典建筑风格重新定位，使得罗马时期的柱式、比例规则等再度应用，并在结构上有了相应的改变。这些新的建筑变化，是西方古典建筑风格一次大幅度的转折，而且建筑艺术的辉煌成就与当时的历史文化息息相关。

3.2.4.1　文艺复兴早期

佛罗伦萨是意大利文艺复兴活动的中心，由伯鲁乃列斯基设计的佛罗伦萨主教堂（见图 3-2-16）是早期文艺复兴建筑的代表作。

3.2.4.2　文艺复兴中期

文艺复兴中期，也有人将这段时期称为文艺复兴盛期，大约开始于 15 世纪中后期。在文艺复兴中期出现了大量的建筑师，文艺复兴建筑风格也从这时起不断扩大影响，使之成为流行于整个欧洲的新建筑风格。

米开朗琪罗是一位最伟大的，也是最多才多艺的文艺复兴艺术家，他在古典主义形式的基础上进行了适当的修改，这些形式正好可以用来说明手法主义的概念。他十分推崇布拉曼特早期的集中布局形式，圣彼得堡大教堂（见图 3-2-17）虽由他做后续工作，但他依然遵循布拉曼特原先的计划，坚持布拉曼特的设计原则。他依旧用希腊十字平面，将四角上又设置了几个十字形简化的小穹顶形式，使内部空间更加流畅，并在教堂的正立面前加建了自己设计的双重柱廊，这些改进使新建筑比原来的教堂形象更加壮观。圣彼得大教堂前后建造时间为 120 年，几乎跨过了文艺复兴到巴洛克前期，集中了意大利最优秀的建筑师。教堂内部各种壁画与雕刻体现了人文关怀。

3.2.4.3　文艺复兴晚期

文艺复兴晚期的建筑作品，主要是以维诺拉和意大利建筑师帕拉迪奥（A. Andrea Palladio，1508—1580）的建筑为代表（见图 3-2-18）。他们是文艺复兴晚期最著名的建筑师，而且是这一时期中对建筑传统和新发展出的理论规则进行系统归纳总结，并出版成书籍的代表人物。

图 3 - 2 - 17 圣彼得堡大教堂

图 3 - 2 - 18 帕拉迪奥的建筑作品

3.2.5 欧洲17世纪和18世纪时期

17世纪初，意大利文艺复兴建筑风格已不再盛行，西方古代建筑史上先后出现了巴洛克和洛可可两种建筑风格，这是继文艺复兴建筑风格之后的又一次新的发展高潮。

3.2.5.1 巴洛克建筑风格

巴洛克建筑和室内设计强调富有雕塑性、色彩斑斓的形式。造型来源于自然、树叶、贝壳、涡卷，丰富了早期文艺复兴的古典词汇。室内墙和顶棚都有修饰，有些隔断也用立体的雕塑装饰，或带有人像和花草元素。它们有些涂上各种颜色，并融入彩绘的背景之中，创造了一种充满动感的人像密集的幻觉空间。巴洛克风格的典型实例是罗马的圣卡罗教堂（见图3-2-19和图3-2-20），它是由波洛米尼设计的，它的平面近似椭圆形，殿堂平面与天花装饰强调曲线动态，立面山花断开，檐部水平弯曲，墙面凹凸度很大，装饰丰富，有强烈的光影效果。

3.2.5.2 法国古典主义

在17~18世纪初的路易十三和路易十四王权极盛时期，竭力崇尚古典主义建筑。古典主义风格建筑，提倡富于统一性与稳定感的横三段和纵三段的构图手法，建筑左右对称，造型轮廓整齐，庄重雄伟，被称为理性美的代表。其内部装饰则极为奢华，以巴洛克风格为主。

新古典主义的特点：①"形散神聚"是新古典主义的主要特点，在注重装饰效果的同时，用现代的手法和材质还原古典气质，具备了古典与现代的双重审美效果；②讲求风格，在造型设计上不是仿古，也不是复古，而是追求神似；③用简化的手法、现代的材料、加工技术去追求传统式样的大致轮廓特点；④注重装饰效果，用室内陈设品来增强历史文脉特色，往往会照搬古典设施、家具及陈设品来烘托室内环境气氛；⑤白色、金色、黄色、暗红色是常见的主色调，少量白色糅合，使色彩看起来明亮（见图3-2-21）。

图3-2-19 圣卡罗教堂

图3-2-20 圣卡罗教堂内部

图3-2-21 法国新古典主义建筑凡尔赛宫

3.2.5.3　洛可可式建筑

1715～1760 年，法国古典主义之后出现了洛可可装饰风格。洛可可风格是在巴洛克式建筑的基础上发展起来的，主要表现在室内装饰上。洛可可风格的基本特点是纤弱娇媚、华丽精巧、甜腻温柔、纷繁琐细。它以欧洲封建贵族文化的衰败为背景，表现了没落贵族阶层颓丧、浮华的审美理想和思想情绪。他们受不了古典主义的严肃理性和巴洛克的喧嚣放肆，追求华美和闲适。洛可可建筑风格的特点是：室内应用明快的色彩和纤巧的装饰，家具也非常精致而偏于繁琐，不像巴洛克风格那样色彩强烈，装饰浓艳。

洛可可装饰的特点是：细腻柔媚，常常采用不对称手法，喜欢用弧线和 S 形线，尤其爱用贝壳、旋涡、山石作为装饰题材，卷草舒花，缠绵盘曲，连成一体。天花和墙面有时以弧面相连，转角处布置壁画（见图 3-2-22）。

图 3-2-22　洛可可风格室内

3.2.6　欧洲 19 世纪时期

3.2.6.1　工艺美术运动

工艺美术运动是起源于 19 世纪下半叶英国的一场设计改良运动。其起因是针对装饰艺术、家具、室内产品、建筑等因为工业革命的批量生产所带来设计水平下降而开始的设计改良运动。运动的理论指导是约翰·拉斯金（John Ruskin，1819—1900），运动的主要成员是英国的威廉·莫里斯（William Morris，1834—1896）。莫里斯的设计不仅包括平面设计，也有室内设计、纺织品设计等。

莫里斯对于新的设计思想的第一次尝试是对他的新婚住宅"红屋"的装修（见图 3-2-23 和图 3-2-24）。商店内竟无法买到令他满意的家具和其他生活用品，这使他十分震惊，于是在几位志同道合的朋友的帮助下，自己动手按自己的标准设计和制作家庭用品。在设计过程中，他将程式化的自然图案、手工艺制作、中世纪的道德与社会观念和视觉上的简洁融合在了一起。对于形式，或者说装饰与功能的关系，依莫里斯看来，装饰应强调形式和功能，而不是去掩盖它们。

图 3-2-23　红屋

图 3-2-24　红屋内部

图 3-2-25　布鲁塞尔人民宫
都灵路 12 号住宅

图 3-2-26　巴特罗之家

图 3-2-27　芝加哥学派代表建筑

3.2.6.2　新艺术运动

19 世纪初期，欧洲各国的工业革命先后完成，与此同时也给社会带来了一个新问题：大批工业产品被投放到市场上，但设计却非常粗糙和拙劣。19 世纪 80 年代开始于比利时布鲁塞尔的新艺术运动，目的在于解决建筑和工艺品的艺术风格问题，极力反对历史的样式，想创造一种前所未有又能适应工业时代精神的简化装饰。例如，探索新兴的铸铁技术带来的艺术表现的可能性。代表人物：维克多·霍尔塔（Victor Horata，1861—1947），他把建筑和室内装饰结合起来，自己设计室内装饰的每一部分，从门把手到染色玻璃。他设计的布鲁塞尔人民宫都灵路 12 号住宅，用模仿植物的线条，把空间装饰为一个整体。这与现代建筑中"整体空间"的概念非常接近（见图 3-2-25）。

安东尼·高迪（Antoni Gaudi i Coruet，1852—1926），是西班牙新艺术运动的最重要代表。他作为一位具有独特风格的建筑师和设计师，代表作品有米粒公寓、巴特罗之家、神圣家族教堂。他的作品富有想象力，常用鲜艳的彩砖、大量的彩色玻璃窗制造瑰丽的效果。高迪从中年开始，在他的设计中，糅合了哥特式风格的特征，并将新艺术运动的有机形态、曲线风格发展到极致，同时又赋予其一种神秘的、传奇的隐喻色彩，在其看似漫不经心的设计中表达出复杂的感情。高迪最富有创造性的设计是巴特罗之家（见图 3-2-26），该公寓房屋的外

形象征海洋的海生动物的细节。整个大楼一眼望去就让人感到充满了革新味。构成一二层凸窗的骨形石框、覆盖整个外墙的彩色玻璃镶嵌及五光十色的屋顶彩砖，呈现了一种异乎寻常的连贯性，赋予大楼无限生气。

在新艺术运动传入美国以前，美国已形成了著名的"芝加哥学派"（见图 3-2-27），这个学派主张建筑功能第一，"形式永远服从功能的需要，这是不变的法则"，"功能不变，形式也不变"。

3.2.7　20 世纪现代主义和后现代主义时期

3.2.7.1　现代主义

现代主义思潮产生于 19 世纪后期，成熟于 20 世纪 20 年代，50～60 年代风行全世界。产生原因：①工业革命带来的建筑需求量和建筑类型增多；②工业革命之后出现的新材料为现代建筑提供了物质基础。钢筋混凝土材料的出现，为建筑的高层和大跨度提供了可能；③结构科学的发展，为建筑结构的多样化提供了科学的理论依据，使建筑师能够有目的地去进行优良的结构设计。

现代主义建筑和四个人的名字紧紧联系在一起，他们是 20 世纪上半叶最重要的建筑师：瓦尔特·格罗皮乌斯（Walter Gropius）、路德维希·密斯·凡·德罗（Ludwig Miesvan der Rohe）、勒·柯布西耶（Le Corbusier）和

弗兰克·劳埃德·赖特（Frank Lloyd Wright）。这些建筑的代表人物主张：建筑师要摆脱传统建筑形式的束缚，大胆创造适应于工业化社会的条件和要求的崭新建筑，因此这种建筑具有鲜明的理性主义和激进主义的色彩，又称为现代派建筑。

（1）瓦尔特·格罗皮乌斯（Walter Gropius，1883—1969），1919年在德国创建的包豪斯（Bauhaus）学派，主张摒弃因循守旧，倡导重视功能，推进现代工艺技术和新型材料的运用，在建筑和室内设计方面，提出与工业社会相适应的新观念。代表作品有法古斯工厂、包豪斯校舍（见图3-2-28）。

（2）勒·柯布西耶（Le Corbusier，1887—1965）否定因循守旧的建筑观，主张建筑工业化，在设计方法上提出"平面是由内到外开始的，外部是内部的结果"。在朗香教堂（见图3-2-29和图3-2-30）的设计中，勒·柯布西耶把重点放在建筑造型上和建筑形体给人的感受上。他摒弃了传统教堂的模式和现代建筑的一般手法，把它当作一件混凝土雕塑作品加以塑造。教堂造型奇异，平面不规则；墙体几乎全是弯曲的，有的还是倾斜的；塔楼式的祈祷室的外形像座粮仓；沉重的屋顶向上翻卷着，它与墙体之间留有一条40cm高的带形空隙；粗糙的白色墙面上开着大大小小的方形或矩形的窗洞，上面嵌着彩色玻璃；入口在卷曲墙面与塔楼交接的夹缝处；室内主要空间也不规则，墙面呈弧线形，光线透过屋顶与墙面之间的缝隙和镶着彩色玻璃的大大小小的窗洞投射下来，使室内产生了一种特殊的气氛。

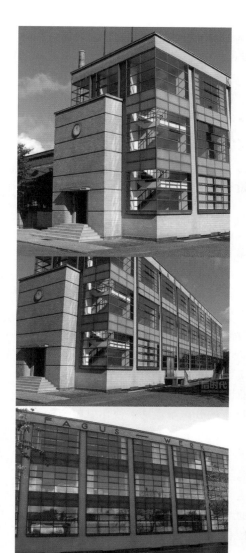

图3-2-28　包豪斯校舍

图3-2-29　朗香教堂

图3-2-30　朗香教堂室内部

（3）密斯·凡·德罗（Ludwig Miesvan der Rohe，1886—1969）强调建筑要符合时代特点，不要模仿过去，要注重建筑结构和建造方法的革新。名言"少即多"精辟地概括了他的工作方法，即把一个目标对象简化为其最基本的部分，然后对每一个细节都予以极度关注，由此而对设计作出精心的改进。他的设计作品中各个细部精简到不可精简的绝对境界，不少作品结构几乎完全暴露，但是它们高贵、雅致，已使结构本身升华为建筑艺术。代表作品有巴塞罗那博览会德国馆，范·斯沃斯住宅等。他的"巴塞罗那椅"是现代家具的经典之一。

（4）弗兰克·劳埃德·赖特（Frank Lloyd Wright，1869—1959）对农村和大自然有深厚的感情，他的建筑灵活多样，既能使内外空间交融流通，同时又具备安静隐蔽的特色。流水别墅（见图3-2-31）是为卡夫曼家族设计的别墅。在瀑布之上，赖特实现了"方山之宅"的梦想，悬空的楼板铆固在后面的自然山石中。主要的一层几乎是一个完整的大房间，通过空间处理而形成相互流通的各种从属空间，并且有小梯与下面的水池联系。

图3-2-31　流水别墅

正面在窗台与天棚之间，是一金属窗框的大玻璃，虚实对比十分强烈。整个构思是大胆的，成为无与伦比的世界最著名的现代建筑之一。

3.2.7.2　后现代主义

后现代主义建筑思潮是指20世纪60～70年代后出现的对现代主义建筑观点和风格的回忆，进而反对和背离现代主义的倾向。强调建筑及室内装潢应该既具有历史的延续性又不拘泥于传统的思维方式，以期创造一种融感性与理性、集传统与现代、揉大众与行家于一体的"亦此亦彼"的建筑形象。设计手法因此也可以达到多元化，灵活多变，利用多种不同的材质组合空间，光亮的、暗淡的、华丽的、古朴的、平滑的、粗糙的相互穿插对比，形成有力量但不生硬，有活力但不稚嫩的风格。

3.3　当今室内设计的发展趋势

3.3.1　从装饰到设计

全球自然生态资源的枯竭和生存环境品质的恶化，促使人们的环境意识不断提升。现代的室内设计理念，也跟随着环境设计的理念不断的进步。无论是在中国还是在西方，传统的室内装饰大多停留在对室内的装饰美化上面。尤其是到了后期，对装饰的追求几乎达到了极致。随着工业革命的开始，机械化大生产代替了以往的手工操作，强调造型的理性，摒弃了过多浮夸的装饰。机器美学价值观使人们对过度装饰的美学观念产生了疑问。19世纪初的维也纳分离派运动，使建筑装饰构件从建筑主体中分离出来。而在19世纪后期的现代主义建筑运动，更是提出了"装饰就是罪恶"的口号。"形式追随功能"的要求强调了建筑形式应与功能相结合，反对繁多的装饰。现代主义建筑还将空间本体的意义和价值提升到了前所未有的高度，空间是建筑的主角，建筑的美在于空间的合理性和结构的逻辑性（见图3-3-1）。此外，钢筋混凝土、玻璃等建筑材料的推广使用，使得建筑室内空间可以灵活自由地分割。这些从理论上、技术上

图 3-3-1 室内设计的美

图 3-3-2 现代室内设计的自然美体现

图 3-3-3 宁波历史博物馆外观

图 3-3-4 宁波历史博物馆室内

都促进了现代室内设计的发展。

3.3.2 发展趋势

3.3.2.1 可持续发展的趋势

"可持续发展"一词最早在 20 世纪 80 年代中期，由欧洲的一些发达国家提出。"可持续发展"主要涉及到"3R 原则"（Reduce，Reuse，Recycle）。希望通过这些原则，减少对自然的破坏，节约能源，减少浪费。室内设计中可持续发展倡导适度消费思想，倡导节约型的生活方式，不赞成室内装饰中的奢侈豪华和铺张；注重生态美学，在室内环境的营造中，它强调欣赏质朴的自然美，简洁而不刻意雕琢（见图 3-3-2）；同时强调人类在遵循生态规律和美学法则的前提下，运用科技手段加工改造自然，创造人工生态美；倡导节约和循环利用，如王澍作品宁波历史博物馆建筑的内外由竹条模板混凝土和

用 20 种以上回收旧砖瓦混合砌筑的墙体包裹，以旧材料纪念过去，倡导循环利用（见图 3-3-3 和图 3-3-4）。积极贯彻并努力推广可持续发展思想，对于能源消耗，控制污染，充分利用资源等各个方面都有极大的促进作用，这也是作为新一代设计师的重要职责。

3.3.2.2 注重环境整体性

从人类生存的角度来讲，环境可以分为自然环境、人为环境和半自然半人为环境，在设计领域中的环境概念则是指由设计师创造的人为环境。从环境范围和规模的大小可以把环境分为宏观环境、中观环境和微观环境，他们各自有着不同的内涵和特点，宏观环境范围和规模非常之大，常包括太空、大气、山川森林、城镇及乡村等，涉及的设计行业常有：国土规划、区域规划、城市及乡镇规划、风景区规划等。中观环境，常指社区、街坊、建筑物群体及单体、公园、室外环境等，涉及的设计

行业主要是：城市设计、建筑设计、室外环境设计、园林设计等。微观环境，一般常指各类建筑物的内部环境，涉及的设计行业常包括：室内设计、工业产品造型设计等。人类绝大多数的时间都是在与微观环境打交道，它处处影响着人们的生活，同时微观环境还必须考虑与它同在于一个大环境系统中的诸如气候、建筑、城镇等因素，只有它们与室内的环境相互呼应，相互匹配，才能达到这个环境系统的平衡和协调，也才能同时创造出真正良好的内部环境（见图3-3-5）。

3.3.2.3　新技术的应用

新技术应用趋势表现在新材料、新结构和各种新设备的应用上。新材料最主要的是替代木材质的轻便的结构构件。新结构主要体现在用新型轻钢、轻钢混凝土、代木料、工业塑料之类的新构件体系代替笨重的结构构件。生态技术应用，譬如：双层立面、太阳能技术、地热利用、智能化通风控制等技术（见图3-3-6）。

3.3.2.4　注重多元并存，东西风格交融

建筑设计理念与室内设计理念在20世纪后期的西方发生巨大地改变，人们开始不断质疑和挑战现代建筑的及其美学观念，人们从理性思考和逻辑推理以及功能至上的浪潮中逐渐开始转向一种多元的设计潮流，涌现了大批的流派，此起彼落。好的室内设计需要根据每一个具体项目的特殊环境和条件有所侧重，需要综合考虑室内环境所处的特定时间、环境条件、经济预算，再加之设计师的个人风格，业主喜好等因素。要在协调中去寻找平衡和处理手段，而绝非简单的自由无禁区。虽然会有多种层次、多种风格的差异，但是人们更为重视人在室内环境中的精神需求和环境文化内涵。正是综合考虑了设计中所涉及的诸多因素，才能达到多元与个性的统一，东西风格的交融，不断深化发展，使得室内设计在多元中相映生辉，这样才能走向室内设计的真正繁荣（见图3-3-7）。

图3-3-5　室内与周围环境融于一体

图3-3-6　德国议会大厦

图3-3-7　现代室内设计

图 3-3-8　传统元素在现代空间的体现

图 3-3-9　"798"艺术区内的画廊

图 3-3-10　现代室内设计

3.3.2.5　尊重历史的趋势

在 20 世纪 60 年代以后，设计界将历史文脉这一概念推上了舞台，人们开始倡导尊重历史，尊重历史文脉，以此来保证人类社会发展的历史延续性。直至今天这一趋势仍受到人们的重视。尊重历史的设计思想主张在进行设计时，要尽量把历史感和历史文脉有机地结合起来，并且尽量通过现代的技术手段赋予古老传统文化新的活力，努力把时代精神和历史文脉有机地融为一体。这种设计思想对建筑设计和室内设计都产生巨大的影响，尤其在室内设计领域表现得更是淋漓尽致。例如我们可以发现在生活居住、文化娱乐和旅游休息等室内环境中带有乡土风情、地方特色和民族特色的内部环境更容易得到人们的青睐，所以室内设计师们更加注重突出各地历史文脉和民族传统特色的因素（见图 3-3-8）。

3.3.2.6　关注旧建筑改造和再利用

何谓旧建筑？从广义上来说，我们可以将它定义为凡是用过一段时间的建筑。可分为以下两种，一是具有重大的历史文化价值的古建筑和优秀的近现代建筑；二是广泛存在着的一般性建筑。从某些层面上来说，室内设计之所以成为一门相对独立的学科正是因为大量旧建筑需要重新进行内部空间的改造和设计，这才使室内设计师们有相对稳定的业务。

在大多数情况下，室内设计中的各种原则完全可以适用于旧建筑的改造。建筑不仅仅是实体，也是人类文明的载体，建筑通过各种途径传达着多样的信息，建筑的意义在于使用性。对建筑实施展品式保护，总是可以使它得到更好的保护，但也会造成了建筑活力的缺失，所以除了那些顶级的，历史意义极其深刻的历史古迹或者那些建筑结构已经无法承担新的功能的历史建筑外，对于大部分年代并不久远，数量繁多的建筑，应该从考虑改造再利用开始。如北京的"798"艺术区原为原国营798厂等电子工业的老厂区所在地，从2001年开始，来自周边的艺术家和文化机构开始进驻，艺术家对空旷的厂房，裸露着的蒸汽管道、通风管道、斑驳的外墙面等各种空间进行改造，使得新与旧、光明与静谧，都在不停地穿插交融：旧的空间被穿越，新空间功能正在被重新界定（见图3-3-9）。

3.3.2.7　公众的参与度

现代主义的民主思想将设计服务对象定位于人民大众。环境设计是对生存和生活环境的创造，必须了解使用者的切身需求。设计者要倾听使用者的想法和要求，有利于设计构思贴近大众、贴近生活。

人对室内设计要素的认知和感觉，是通过人的视觉、听觉、触觉与嗅觉对室内的界面、家具、陈设、色彩、灯光等外在因素的感知来实现的。在设计中注重对这些物质要素的把握，关注人的认知和感觉特性，是创造出优秀的室内设计的前提条件。当设计方案出台后，请业主和公众展开讨论交流，从而去寻找一个更为合理的方案。最后还要请公众来确定方案的可行性，以期得到最终的决策。正是设计师要始终把"人"放在第一位，并不断加大使用者的参与力度，才使得现代室内设计得以不断的进步（见图3-3-10）。

本 章 小 结

几千年来，人类创造了灿烂辉煌的室内设计史，它们充实了我们的文化宝库，也为世界环境设计增添了异彩。这是我们一份极其宝贵的物质财富和精神财富。设计源于生活又高于生活。时代在前进，生活在发展，室内设计也在历史的潮流中不断向前。

复 习 思 考 题

1. 中国传统室内设计是如何演化的？各个时期有何不同之处？

2. 西方室内设计经过了哪几个时期？风格特征是什么？

3. 对于当今室内发展的趋势，作为设计师的你有什么感想？

第4章 室内设计方法和程序

【本章概述】

本章重点讲述了室内设计的思维方式方法，特别是对逆向思维方法、结构性思维方法、联想性思维方法、创新性思维方法进行了详细讲解。还讲述了室内设计的程序，包括设计准备阶段、方案设计阶段、施工图设计阶段和设计实施阶段。

【学习重点】

学习掌握室内设计的思维方法，并能灵活运用到平时的设计实践中。理解室内设计的全套流程，以及相应的注意事项。

4.1 室内设计的思维方法

室内设计是一项立体设计工程，掌握科学的设计思维方法是完成设计整体方案的重要保证。在一般学科的思维过程中，把思维方式常分为抽象思维与形象思维。室内环境设计的思维方式以形象思维为主导，其思维方法有其明确的特殊目的性，从有意识的选取独特的设计视角进行功能与形式表现的概念定位，到综合分析与评价设计方案中各环境要素，从对历史文脉与文化环境的思考与表达，到如何通过施工工艺完美体现出设计创意思想的一系列思维过程，从而一步一步地设计出具有美感意蕴的室内空间环境。

4.1.1 室内设计基本思维模式

4.1.1.1 满足人与社会生活的需要

毋庸置疑，现代室内设计的目的是满足人们生活、工作中的物质需求和精神需求。"服务于人，服务于社会生活"的目标俨然成为室内设计社会功能的重要基石。室内设计师首先要把人们对建筑室内空间环境的功能需求放在室内设计过程中的首要位置，虽然设计创造的过程中会遇到各种错综复杂的矛盾，但是，"充分满足人们生活、工作中的物质需求和精神需求"的室内设计目的是从一而终必须坚持的思想要素。由于这个需求而派生出来的人体工程学、环境心理学、审美心理学等诸多方面的社会学科，可以帮助我们更理性、更彻底地把握现代人的生理、人的心理和人的视觉感受的正确方向，设计出真正的更为人性化的室内空间环境，来满足人们的需要。

4.1.1.2 与材料、技术的统一

室内设计的发展已经突破了原有建筑内部空间设计的常规方式，随着社会经济和科学技术的快速发展，新的建筑装饰技术不断出现，适合成为室内设计构成语言的技术和物质也越来越多。作为室内设计师需要尽可能了解更多的材料的基本特性、材料的施工工艺、材料的适用对象和范围，用以保证室内设计最终实现。

例如室内设计过程中运用的材料是多种材料的组合，是材料的应用技术的全方位的展示，什么样的建筑内部空间环境适合选用何种材料或者什么种类的材料对于一个特定的建筑内部空间具有的表现力，这需要室内设计师

对不同材料的认识程度等多方面作具体分析，对比后才能决定。在设计中如何通过材料及构造的运用创作出一个能表达出空间环境精神气质，同时既不单调又不过于繁杂的艺术形式，需要室内设计师对材料及构造有足够的认识以及把握"度"的能力（见图4-1-1）。

4.1.1.3 科学性与艺术性的结合

社会生活和科学技术的进步，人们价值观和审美观的改变，促使室内设计必须充分重视并积极运用当代的科学技术的成果，在现有的美学原理的基础上，创造具有视觉愉悦感、表现力和感染力强的设计作品，使生活在现代社会、高科技、高节奏中的人们，在各方面得到满足。科学性与艺术性的完美结合是创造性思维的动力源泉（见图4-1-2）。

4.1.1.4 空间动态和可持续发展观

现代室内设计的另一个显著的特点是，不断加快的社会生活节奏和日益变化的人的需求，引起室内功能相应的变化和改造，显得特别的突出和敏感。新的视听设备的应用、新的感官材料的出现、人的需求的变化，促使室内装饰更新的时间日益缩短。以苏州建筑装饰市场来看，KTV、会所、理发厅、婚纱摄影馆、特色餐厅和高级服装店等场所，内外部空间的改造更新时间只有18～36个月；星级酒店、大型购物场所、商务写字楼的改造更新周期在5～7年之间。这就要求室内设计师以动态发展的观念来认识和对待室内设计。"与时俱进"、"可持续发展观"不是政治口号，是最朴素的哲学道理。改变观念，减少对高碳排放，高能量材料和工艺的使用，减少对环境的破坏，最终实现"人与自然"或者"人与建筑空间"的和谐共存，达到天人合一（见图4-1-3）。

4.1.2 思维方法

一个室内设计作品欲求完美就需要像做文章一样，先确定主题，然后构思人物和情节，所以构思、立意，可以说是室内设计的"灵魂"。打算把室内环境设计装饰成什么风格和造型特征，在动手设计之前，需要从总体上进行规划，即所谓"意在笔先"。正确的思维方法是成功的关键，因为设计行为是受设计思维支配的，相同的室内空间，不同的人来设计，会出现不同的结果，这是由于人的思维能力不同，就会有不同的结果（见图4-1-4和图4-1-5）。

图4-1-1 室内设计中材料质感的体现

图4-1-2 室内设计中科学与艺术的结合

图4-1-3 人与自然和谐
共处的室内空间

图4-1-4 不同思维下的
居住空间形式（一）

图4-1-5 不同思维下的居住空间形式（二）

图4-1-6 思维方式与设计

思维程序研究是一项较为复杂的工作，室内设计思维活动所包含的内容非常宽泛，如空间的内容、功能、形式、环境特征和物质技术条件等相关因素，设计师要将他们一一罗列分析，并研究其相互关系，采用一定的方法及手段，来解决相互间存在的问题，并将设计的语汇通过思维的程序达成统一的整体。在室内设计中会涉及到多种思维方法，下面分别予以介绍。

4.1.2.1 逆向思维方法

逆向思维方法是设计思维中常用的方法，也可称为"异想天开"，即彻底改变对事物固有模式的看法。逆向思维方法经常可以使思维更加灵活、敏捷，思维结果更加具有独创性，有助于提出独创性的科学假说和技术设想。

逆向思维方法是根据设计的主题，在满足使用功能的前提下，最大限度地满足精神需求，选择最适宜的方法和材料。此外，也可借用图案打散构成的设计原理，确定一个主题后，将固有和模式化的元素彻底分解，注入新的概念、认识和理念，引入新的价值观、审美观进行重组，组成新的形象。后现代、新古典主义，新中式风格是其中比较有代表性的设计（见图4-1-6）。

4.1.2.2 结构性思维方法

随着室内设计不断发展，对结构性设计要求也越来越高，室内造型和结构的配合关系也越来越密切。我们不仅能通过运用合理的结构形式来充分表达设计师的意图，而且还可以将结构设计融入到造型设计当中，运用

图 4-1-7 室内空间中的联想思维

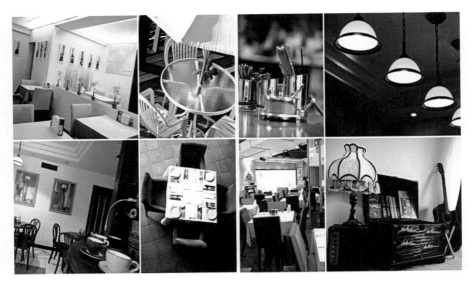

图 4-1-8 室内设计的思维方式

结构性思维方法来思考室内设计。现在广泛流行的透明玻璃地面、玻璃楼梯、点式玻璃幕墙、各种金属装饰面材，都极大地丰富了设计语言表现力。

4.1.2.3 联想性思维方法

联想是从一个概念想到有关的其他概念，或者从一个事物想到有关的其他事物的心理活动。联想有接近联想、相似联想、对比联想。接近联想是在时间或空间上相接近的事物或概念产生的联想。相似联想是在具有某些方面相似的概念或事物之间产生的联想。对比联想是在具有相反特点的概念或事物之间产生的联想。在实际的思维过程中，这三种联想往往不是孤立进行的，而是交叉存在的。善于综合运用三种联想，才能使联想具有较高的灵活性、广阔性和独创性（见图 4-1-7）。

联想性思维方法在室内设计中应用，可以有助于形成和提出有价值的设计思路，联想是围绕创造目标，搜寻和调动头脑中存储的有关知识的途径。灵活的联想是帮助设计师解决问题的创造性设想的重要条件。绝大多数的设计灵感的闪现都离不开灵活的联想。

4.1.2.4 创新性思维方法

室内设计师应该是全面的去思考问题，应该去做一个"杂家"，而不是给自己设定一个范围。设计创新的根本是观念的更新与认识的飞跃，过硬的专业基础和广泛的艺术修养都是观念更新的基础。室内设计师不是只会画效果图就可以了，在社会分工越来越细致的今天，效果表现图只是室内设计整套程序中的一部分，不能用电

脑代替人脑的创意。没有文化的企业不会长久，没有个性的人易被大家遗忘，没有个性和风格的设计也只能是平庸的设计。创新思维是每一个设计人员永恒的主题和研究对象（见图 4-1-8）。

4.2 室内设计的程序

4.2.1 设计准备阶段

设计准备阶段主要是接受委托任务书，签订合同，对于正式招标项目而言，主要是根据标书要求参加投标。该阶段必须明确设计期限和制订设计计划以及进度安排；明确设计任务和要求，熟悉与设计有关的规范和定额标准，并且考虑各有关工种的配合与协调。

（1）了解建筑的基本情况。比如建筑的建造年代、结构形式、地理位置、外围环境、风格特征等。

（2）了解业主的意图和要求。比如空间拟定的使用性质和定位，将面对的人员容量等，这些是对空间功能布局安排的根本依据。还有，空间使用者偏爱的色彩体系和风格倾向等，也是设计展开时重要的参考因素。

（3）明确工作范围及相应范围的投资额。具体为：要做哪些方面的设计、不同空间的不同要求分别是什么、总预算及预算的大致分配状况如何等，这些将决定随后设计在材料与造型等方面的定位和选择。

（4）明确材料配套的情况。目前用于室内装饰的材料繁杂多样，设计开展之前，设计师必须明确项目可能涉及的材料之品牌、质量、规格、价格、供货周期、防火

等级、环保安全指标，以及材料的进货渠道等多方面的信息，才能保证后期工程比较好地将设计方案落实到位，并在各项国家安全验收中合格通过。

（5）实地调研和收集资料。室内设计师必须亲临现场，对实际的场地环境进行测量、绘制、拍照、记录等工作以便获取第一手的原始资料，从中了解更多的实际情况。还要通过对周边环境、建筑结构、设备管线等考察，以便对设计对象本身进行研究分析；另一方面是收集类似空间性质和定位的各种参考资料，了解同类型空间宏观上的大致状况，把握设计要领，启发设计思维。

（6）拟定设计任务书。对于一些正规的招投标项目或具有专业基建管理人员的大型项目，由业主方提供的任务书一般比较全面，但大多数的房屋使用者本身并非室内设计的专业人员，通常只能提供大概的设计要求，有时甚至只能口头表达，这时就需要设计师与使用者进行有效的沟通，理清思路，明确设计的内容、条件、标准等，从而拟定明晰的设计任务书，并由房屋使用者审核确认，以减少后期设计过程中不必要的变更和调整。

4.2.2　方案设计阶段

方案设计阶段是在设计准备阶段的基础上，进一步收集、分析、运用与设计任务有关的资料与信息，构思立意，进行初步方案设计，通过进行方案的分析和比较，深入设计。

（1）设计立意。设计犹如写文章一样，讲究"意在笔先"。构思立意是设计的灵魂，是设计师对所设计项目的各种因素经过综合分析之后所做出的艺术构想。对整套设计起统率作用，是设计方案发展的方向。而立意贵在创新，但要考虑可行性，即在立意的思想高度和现实可行性上慎重地把握，做到合理地创新。

（2）方案构思。方案构思是方案设计过程中至关重要的一个环节，如果说设计立意侧重于观念层次的理性思维，并呈现为抽象语言，那么，方案构思则是借助于形象思维的力量，在立意思维指导下，把第一阶段分析研究的成果落实成为具体的室内形态。从室内设计的艺术功能角度，以形象思维为其突出特征的方案构思，依赖的是丰富多样的想象力与创造力，对所设计的项目能提出富有幻想的、有个性的设计方案，只有这样才能使室内设计成为艺术设计（见图4-2-1和图4-2-2）。因此，它所呈现的思维方式不是单一的、固定不变的，而是开放的、发散的和多元性的，所寻求的结论不是一个而是多个。它主张设计师要从多个角度创造性地思考问题，去寻找多种表现美的答案；并且设计出多种方案，经过反复比较、筛选，选择出最佳设计方案，以适合业主多层次审美的需求。但从室内设计中的功能设计来看，它又需要设计师具有抽象的逻辑思维能力，对室内空间的功能与技术因素，如物理环境、空间结构等作严格的、符合科学的设计。

此外，方案构思、推敲和深化一般遵循由整体到局部，再由局部到整体的原则，就是说我们要先对整个设计有一个构想，再进行局部和细部的设计推敲和深化。不过有些时候，我们的构思源于局部的一些设想而逐渐扩展到对整体有一个清晰的认识。但对整体或全局的构思和把握是使室内设计获得统一感和整体感的重要保证。因此，在室内设计中，首先应注意的是整体与细部的关系，应该做到大处着眼，细处着手（见图4-2-3）。

（3）方案设计成果表达。方案设计成果表达指按照制图规范及要求进行平面图、立面图、剖面图和效果图

图 4-2-1 老船长酒吧创意设计

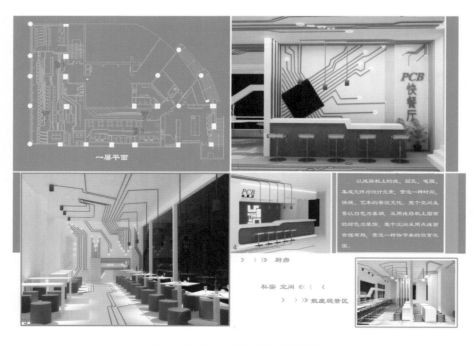

图 4-2-2 主题快餐厅创意设计

图 4-2-3　方案构思的调整

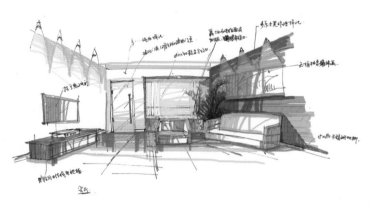

图 4-2-4　设计草图表达

图 4-2-5　效果图表达

的绘制，以表达室内空间的内容和功能要求，另外还包括室内装饰材料实样版面（可以是图片形式）、设计意图说明和造价概算（初步估计投资额）。可以通过文本、透视图、三视图、模型、幻灯片、录像带或电脑模拟动画等与业主交流，需要业主在深化设计之前给予反馈、修正和认可，之后进行深化设计（见图 4-2-4 和图 4-2-5）。

（4）设计深化和表达。在这个阶段中，室内设计师将根据业主反馈意见对初步设计进行修改，通过再构思，再绘制图纸的反复操作过程，最后形成各方面都较为满意的理想方案。

设计表达是设计过程中最重要的环节，并贯穿于设计过程的始终。有时通过表达能把设计师的设计思想肯定、修正或推翻；有时表达又能启发设计师产生更好、更新的设计理念。这种设计表达与设计本身的作用与反作用，反映了视觉思维的普遍规律，构成了设计的全过程。

1）设计成员内部（专业和分工不同）表达贯穿于设计过程的始终，是设计者之间交流思想、专业配合的重要环节。

2）在业主与设计师之间这种信息沟通和思想交流是非常重要的，是通往设计目标的纽带和桥梁。同时表达文件记录了设计人员在特定设计阶段进行的设计创作活动，这对双方今后的真诚合作、密切配合奠定了和谐的基础。

3）设计目标最终要通过工程手段来得以实现，表达的最终目的也是为工程实践服务的，是指导工程的重要档案和法律文件。

4）设计表达（特别是绘画表达形式）也是绘画艺术的一种形式。它同样具有艺术的欣赏性和收藏价值。

4.2.3　施工图设计阶段

在施工图设计阶段，设计师需要补充施工所必需的有关图纸。当设计方案被认同时，整个工作内容将推向制作更多的施工图及施工说明等文件阶段。最终的施工图纸包括平面图、立体图、剖面图以及其他在施工时所需要的大样详图与说明。在施工说明书中，清楚地条列出所工程项目，各界面的造型、尺寸、材料名称、颜色、款式等。

施工图是装饰工程施工的具体指导文件，设计深度要做到全面、准确、详细、规范（见图4-2-6）。施工图和设计文件是指导施工的重要依据，设计单位在完成全套施工图纸和设计文件的制作后，应履行完整的校对、审核、签发手续，底图要保留存档。按国家规定给业主提供多套图纸（一般为8套）。同时设计人员应该会同业主一道办理开工手续，比如消防报批手续、卫生防疫手续等。对于旧建筑的改造和装修，还应报批专业的房屋质量审查部门。对建筑外立面装修，还涉及交通占道、垃圾排放、灰尘污染、噪声扰民等问题。

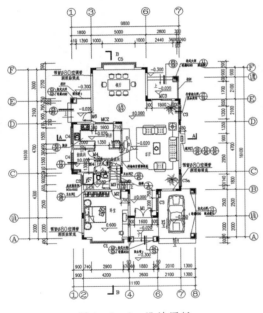

图4-2-6 设计图纸

1. 施工图设计文件的内容和格式

（1）封面：工程名称、设计单位、时间、设计编号等。

（2）首页：图纸目录、设计说明书、施工图说明。

（3）建筑装饰施工图正图及相关专业施工图。

（4）各专业设计说明，技术要求等。

2. 平面图

（1）平面图应准确表示建筑空间的平面投影形式及门窗位置，楼梯、电梯位置，室内标高，承重及非承重墙、柱的位置，尺寸标注应在原建筑平面尺寸的基础上增加细部尺寸，表明室内空间的相对位置关系。

（2）室内装饰物、家具、绿化应在平面图中画出相对位置，固定式陈设物品及家具、隔断等要标出准确位置尺寸（一般以内墙为基准），并附索引详图。

（3）地面施工做法如无特殊造型和材料变化，可直接以平面图为施工依据，如满铺木地板、地毯、卷材等。若地面造型及材料变化较多，应另出地面施工图。

（4）图中应表示预埋件（如地脚螺栓、地弹簧）的准确位置。

3. 天花图

（1）天花平面图应明确标明天花平面的形状、各层标高、表面材料、颜色、防火、防潮、防裂等技术处理要求。

（2）在天花板上应绘出空调风口、自动喷洒、警报器、照明灯具等距离尺寸。

（3）对于复杂的艺术吊顶应绘出大比例节点剖面图，注明各层所用材料、色彩及工艺要求、收边装饰线角（如石膏线、木线、扣条、扣板）。剖面图应反映吊顶与建筑楼板的相对位置尺寸、吊筋、龙骨的样式、类型及名称等。

（4）标明剖面位置及索引详图。天花平面轮廓以内墙尺寸为准，以建筑轴线尺寸为参考。天花平面图应为自上而下的正投影图。

4. 剖面图

（1）大空间室内的环廊、夹层、看台、阶梯、地面等，应绘出剖面图，标明各部分之间的相对关系、位置及材料、构造、技术要求等。

（2）门口店面装修设计，须在剖面图上表现出空间的结构形式，注明材料尺寸、规格和防火、防水、防风、防冻等技术要求。

（3）吊顶剖面图要注明吊顶高度、灯具、装饰物的位置尺寸等。

5. 立面展开图

（1）按平面图所示的展开方向绘制室内墙面的单元展开图或立面图，比例以1:50、1:30、1:10为宜。封闭式多边形室内空间的墙面展开图应以顺时针方向，逐段展开绘制。

（2）折角或圆角墙面应该展开尺寸绘制。

（3）若家具、陈设物品与墙面相连，展开图中应绘出遮挡物的外轮廓，以免使墙面装饰造型与家具、陈设摆放不协调。

（4）如果墙面有凸凹变化（如壁、壁柱等），应补充局部剖面图，详细标明尺寸、材料及构造。

（5）展开图的立面高度以天花至地面高度为准。

（6）注明立面展开图上材料名称、规格、色彩、细部尺寸及节点详图。

（7）绘出灯饰、设备及预埋件、挂件饰品、照明开关等准确位置。

（8）特殊造型门、窗、壁饰应采用大比例详图绘出，并给出必要的节点详图。

（9）独立隔断、立柱，应画大比例详图，并标注尺寸、材料等。

6. 节点详图

（1）地面、天花、墙面、家具等索引的详图均应在图纸上用大比例绘出，一般以1∶1或1∶10为宜。

（2）节点详图应以材料的成品尺寸绘制设计。

（3）节点详图的尺寸标注和材料名称、表面机理、色彩要准确明了。施工技术要求要有必要的文字说明。如图4-2-7为楼梯节点详图。

7. 家具陈设及装饰物

（1）按照工程要求制作的家具、陈设物、装饰物等，应有准确的平面、立面、剖面图和节点详图，必要时辅以直观图（轴测图、透视图）示意。

（2）选购成品的家具、陈设、装饰物（如栏杆、扶手、工艺玻璃制品、五金件、床上用品、各类织物等）及

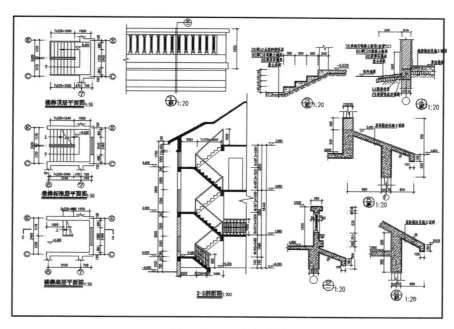

图 4 - 2 - 7 节点详图

灯具时，应标明名称、厂家、规格、数量、型号等，并附照片样本（复印件）。

（3）提出外购成品的技术和质量要求。

8. 材料品名和表面色

（1）材料品名应以生产厂家出厂名称为准，不准擅自取名。

（2）物体表面色采用国际通用表面色体系。油漆类装饰表面应标出国际通用表面体系的代号。

9. 消防、卫生防疫和环境保护

（1）建筑装饰设计必须符合《建筑内部装修设计防火规范》（GB 50222—95）要求，不得擅自更改防火分区的防火墙和防火卷帘。不得随意取消或移动消火栓、报警器、自动喷消等防火设施，保证原建筑设计的防火通道宽度和紧急出口、防火楼梯、电梯等消防疏散空间符合规范。

（2）在选用新型装饰材料时，必须有产品的燃烧性能等规定参数，如阻燃参数、火焰漫延速度、燃烧挥发气味、燃烧有毒气体指标等。对木材类阻燃处理方法，应选用防火木材或消防规定涂刷防火涂料。

（3）电器防火按国家规定的常规设计外，还应结合新产品特性补充电器防火设施，特别在电气安装和产品质量上，设计单位要提出明确的工艺质量要求。

（4）装修设计施工图纸需要报送消防主管部门审批，并在图纸会签栏内签字盖章。

（5）多功能区均应处理好预防灰尘、通风排风，防止油烟，气味串混等问题。

10. 施工设计图说明

（1）施工设计图说明是设计文件的组成部分之一，是对装饰施工图纸进一步的文字补充，对设计依据、设计内容和设计标准均应在设计说明中阐明。

（2）水、暖、电各设计说明均应结合该设计内容，阐明设计要求、标准及材料、工艺、质量等要求。

（3）外购设备、室内用品应在设计说明中对品名、规格、质量等方面提出要求。

（4）说明必要的施工组织方式和工艺程序。

11. 设计交底

无论施工单位（承包商）是由业主指定的，还是通过工程投标中标签约的，设计单位都有义务在工程开工之前向施工单位进行设计交底，这一环节的必要性在于：目前建筑装饰和室内设计行业还没有成型的国际标准和国家标准，我国的南方和北方在施工图设计规范上存在很大差异，甚至各省（自治区、直辖市）之间也有差异，图纸设计的深度、节点和细部的标注、图例、索引等尚无统一的标准，再加上施工技术人员的专业水平和看图能力的差异，使得图纸交底工作变得非常重要。向承包商解释工程图纸并回答相应的技术问题是圆满完成设计任务必不可少的环节。

4.2.4 设计实施阶段

（1）施工执行。大型的装饰工程承包案一般应由政府职能部门（招投标办公室）来主持完成，中小型项目业主可以指定施工单位和承包商。在选择施工队伍的问题上，设计师应站在公正的立场上积极地向业主推荐、考核施工单位，这对设计作品的完成是相当重要的（见图4-2-8）。

图4-2-8 室内设计施工

在工程的初始阶段，设计师应该重点关注那些隐蔽工程的施工问题，因为在室内施工现场有许多隐蔽物（比如管道的检修口、阀门、连接件、电器的接线盒、消防设施以及通信和控制线路等），再详尽的图纸也无法将他们百分之百的记录在案，所以设计师在施工现场处理的一些临时发生的问题也应算是设计服务的重要部分。

装饰工程在施工前期进度较快，因为前期的造型部分比较宏观，且工艺并不复杂，如果设计师在这一阶段能及时发现和纠正造型问题上存在的不足，会把问题大大的简化，也不至于在后期做到成品或半成品的时候进行不必要的返工，装饰细部的设计对一个尚不成熟的设计师来说在现场感受它的真实尺度比在绘图桌上纸上谈兵更具有说服力。

设计师还应了解各工种之间的先后次序和相互关系，木工、水暖工、电工、铁工、油漆工、理石工及地毯工、壁纸工、窗帘安装工等应该有计划地进入现场和退出现场，防止其相互干扰。

在工程进行期间，设计师应该定期到工地考察工作的品质与进度，给予施工单位一些指导，并解决其所发生的问题。最后当所有的工程完工时，便要安装移动式的家具，设计师必须再次协调监工直到其他附属饰品安装完成为止。施工记录成为完成竣工图纸的第一手资料。工程完成后所呈现出来的细部品质，往往是评价一个成功设计的重要因素。

（2）过程监督。施工监理不仅被看做是维护业主利益的简单行为，实际上他以公众的、社会的利益为出发点，由承包商指定专人（甲方代表）或委托专业监理公司进行现场监督，对保障施工质量、施工安全和施工过程顺利进行是至关重要的。同时，政府主管部门也有相应的机构对工程实施监督、检查工作，如工程质量检查部门（质检站）、消防检查部门、卫生防疫部门、用电管理部门、环境卫生管理部门、施工人员的户籍管理部门等。除此以外，设计师也具有监理的职责，应及时发现和处理施工期间出现的一些设计变更和技术问题，并及时调整设计图纸，签署修改意见和设计变更文件（见图4-2-9）。

（3）评估。设计实施完成以后，一个完整的设计项目也就完毕，但作为设计师，还应该对所设计项目的实

图 4-2-9　室内设计施工过程监督

际使用状况进行后期评价，只有通过使用后的评价才能知道设计中的优点和不足之处，总结经验教训，在以后的工作中改进设计，不断提高自己的设计水平。不管是以正式还是非正式的方式，进驻之后的评估（Post Occupancy Evaluation，简称 POE）在最后的设计阶段，是很重要的一道步骤，其焦点在于业主个人主观的使用和对空间的体验，而非设计者主观设计意识。

本　章　小　结

本章讲述室内设计的思维方式方法，要特别掌握逆向思维方法、结构性思维方法、联想性思维方法、创新性思维方法。并对室内设计的程序进行详细介绍分为：设计准备阶段、方案设计阶段、施工图设计阶段、设计实施阶段。

复　习　思　考　题

1. 思维方法对提高室内设计能力有什么作用？
2. 室内设计有哪些阶段？相应有什么应该关注的地方？

第 5 章　室内设计的风格与流派

【本章概述】

　　本章根据时间的先后顺序，按区域分类进行讲解，重点讲授对中西方社会有着重大历史意义的经典中外室内设计的风格、流派。

【学习重点】

　　掌握各种风格和流派产生的历史背景、经典作品和代表人物的介绍，能学以致用。

5.1　室内设计的风格

　　风格（Style）即风度品格，体现创作中的艺术特色和个性；流派（School）指学术、文艺方面的派别。

　　室内设计的风格和流派，属室内环境中的艺术造型和精神功能范畴。室内设计的风格和流派往往是和建筑以至家具的风格和流派紧密结合；有时也以相应时期的绘画、造型艺术，甚至文学、音乐等的风格和流派为其渊源和相互影响。

　　室内设计风格是一个整体的概念，涉及的内容是多方面的，如时代、地域、民族特点、生活习俗、文化思潮、宗教信仰、装饰材料、装修技术等。室内设计风格的形式，是不同的时代思潮和地区特点，通过创作构思和表现，逐渐发展成为具有代表性的室内设计形式。一种典型风格的形式，通常是和当地的人文因素和自然条件密切相关，又需要有创作中的构思和造型的特点，形成风格的外在和内在因素。

　　室内设计的风格主要可分为：传统风格、现代风格、后现代风格、自然风格以及混合型风格。

5.1.1　传统风格

　　"传统"指的是世代相传的风俗习惯、道德品质、思想信仰、文化制度、艺术风格等社会因素。传统风格都是历史悠久、历代传承的。传统风格的室内设计，在室内空间布局、造型、色彩以及家具、陈设等多方面，吸取传统元素的形象特征，突出民族、地域文化特色，是历史文脉的延续。

　　欧洲传统风格包括古希腊风格、古罗马风格、哥特风格、文艺复兴风格、巴洛克风格、法国古典主义风格、洛可可风格，以及古埃及传统风格、伊斯兰传统风格、日本传统风格等（见图 5-1-1～图 5-1-5）。传统风格常给人们以历史延续和地域文脉的感受，它使室内环境突出了民族文化渊源的形象特征。

　　中国传统风格，中国传统木结构建筑用梁、柱承重，墙仅起围护作用，内部空间分隔有很大灵活性（见图 5-1-6）。空间分隔物又有很多形式，除固定的隔断和槅扇外，还使用可移动的屏风、罩、博古架、帷幔等与家具结合，既有很强的装饰性，又可以丰富空间层次，形成

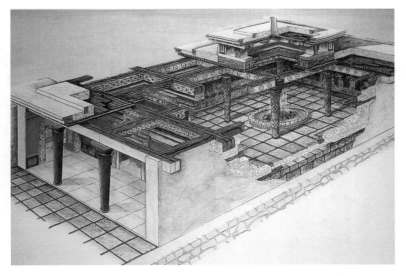

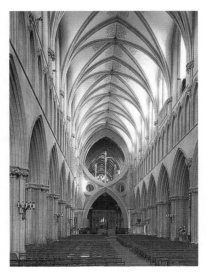

图 5-1-1　古希腊迈锡尼宫殿（公元前 2000 年左右）
的正厅复原图

图 5-1-2　哥特式教堂内部装饰

图 5-1-3　文艺复兴时期沃尔塞奇府
邸内部装饰

图 5-1-4　法国古典主义时期凡尔赛宫
镜厅内部装饰

图 5-1-5　洛可可时期苏比兹公寓内部装饰

"隔而不断"的空间序列，并有很好的虚实关系。室内往往有对称的空间形式。建筑构件以其结构与装饰的双重作用成为室内艺术形象的一部分。在满足结构要求的前提下，几乎所有构件都进行了艺术加工，如圆柱往往上小下大，成梭形，挺拔有力；柱础的作用是增加支撑面积和防潮，其艺术加工形式非常丰富，如莲瓣、石榴、牡丹、云纹、水浪等纹样；斗拱是传统木结构建筑特有的构件和装饰物。

室内装饰要素涉及多种艺术门类，如绘画、雕刻、书法等。字画、匾额、对联、盆景、奇石鸟笼等独特的要素都能装饰美化、点染空间，酝酿灵秀气韵。传统室内装饰重视陈设的作用、品位、文化内涵和特色（见图5-1-7～图5-1-10）。

图 5-1-7 中国传统风格室内

5.1.2 现代风格

20世纪初，在欧洲和美国相继出现了艺术领域的变革，这场运动的影响极其深远，它彻底地改变了视觉艺术的内容和形式，对建筑及室内设计的变革产生了直接的激发作用。现代风格起源于1919年成立的包豪斯学派，1928年来自12个国家的42名革新派建筑师代表在瑞士集会，成立国际现代建筑协会（CIAM）。"现代主义建筑"强调突破旧传统，创造新建筑，重视功能和空间组织，注意发挥结构构成本身的形式美，造型简洁，反对多余装饰，崇尚合理的构成工艺，尊重材料的性能，

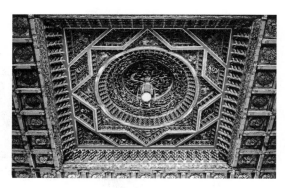

图 5-1-8 中国传统藻井

图 5-1-6 中国传统建筑结构模型

图 5-1-9 汲取中国传统风格的客厅设计

图 5-1-10 汲取欧式传统风格的卧室设计

讲究材料自身的质地和色彩的配置效果，发展了非传统的以功能布局为依据的不对称的构图手法。现代主义建筑运动使室内设计从单纯的界面装饰走向空间设计，改变了室内装饰始终依附于建筑内界面的装饰来实现其美学价值方式。现代主义设计、现代主义建筑是影响人类文明的重要设计活动，经过几十年的发展，特别是在第

二次世界大战以后的美国迅速发展，影响到世界各国，由此产生许多新的设计运动，产生形形色色的新风格、新流派。现代主义是20世纪设计的核心，它不但深刻影响到整个世纪的人类物质文明和生活方式，对本世纪的各种艺术、设计活动都有冲击作用（见图5-1-11～图5-1-17）。

图 5-1-11 包豪斯设计学院外观

图 5-1-12 包豪斯设计学院院长办公室

图 5-1-13 巴塞罗那博览会德国馆

图 5-1-14　巴塞罗那博览会德国馆室内　　　　图 5-1-15　约翰逊制蜡公司办公大楼室内

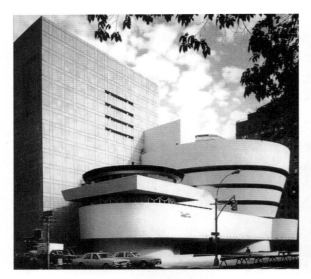

图 5-1-16　古根海姆博物馆外观　　　　图 5-1-17　古根海姆博物馆内部

5.1.3　后现代风格

　　后现代主义设计是对现代主义设计的挑战，后现代主义不像现代派有着比较明确的指导性理论和风格。后现代主义一词最早出现在西班牙作家德·奥尼斯1934年的《西班牙与西班牙语类诗选》一书中，用来描述现代主义内部发生的逆动，特别有一种现代主义纯理性的逆反心理，即为后现代风格。1977年英国人查尔斯·詹克斯（Charles Jancks）写的《后现代建筑语言》一书在理论上给了现代派建筑一击，它宣告了现代派的"死亡"，

首次提出了"后现代"的概念。现代主义、国际主义风格是丑陋的、平庸的，对于"少就是多"，他诙谐地将其改为"少就是厌烦"。他们反对从功能出发的简化，反对冰冷、缺乏人性的理性。他们强调的是建筑和历史、周围环境的关系，不拘泥于传统的逻辑思维方式，注意装饰的象征意义，注意建筑的外在形象在公众心理上产生的效果，追求建筑的隐喻性。

　　20世纪50年代美国在所谓现代主义衰落的情况下，逐渐形成后现代主义的文化思潮，持续到90年代初，之

后开始衰退。后现代风格主张对一切文化历史要兼收并蓄，在经过重新组合和创新，以求得丰富、复杂和多元的杂交设计形态。强调建筑及室内装潢应具有历史的延续性，但又不拘泥于传统的逻辑思维方式，探索创新造新型手法，讲究人情味。如常在室内设置夸张、变形的柱式和断裂的拱券，或把古典构件的抽象形式以新的手法组合在一起，即采用非传统的混合、叠加、错位、裂变等手法和象征、隐喻等手段，以其创造一种融感性与理性、集传统与现代、揉大众与行家于一体的即"亦此亦彼"的建筑形象与室内环境。后现代主义设计中采用的历史风格无所不包，对装饰符号用戏谑、调侃、夸张和象征的方式加以描述。

文丘里为其母建造的费城栗子山住宅，是具有完整后现代主义特征的最早建筑。斯图加特美术馆以多种历史风格的整合拼接达到装饰效果（见图5-1-18）。

美国建筑师查尔斯·摩尔（Chris Moore）设计的奥尔良市"意大利广场"（见图5-1-19），大胆抽取各种古典符号，以象征性的手法再现出来。广场以巴洛克式的圆形平面为构图，古罗马的古典柱式、凯旋门经过改头换面以全新的面貌呈现，如科林斯柱式的不锈钢柱头，陶立克柱式上的汩汩流泉。圆券上嵌着微笑的摩尔头像，水不断地从他的嘴里吐出，充满了欢快浓郁的商业气息。

汉斯·霍莱因（Hans Hollein）设计的奥地利国家旅游局（见图5-1-20），长方形的大厅覆盖着拱形玻璃顶棚，小亭子、金属制成的棕榈树林、小水池、飞鹰等元素以象征隐喻的手法牵动旅游者的情思和向往。

图5-1-18　斯图加特美术馆

图5-1-19　奥尔良市
"意大利广场"

图5-1-20　奥地利国家旅游局

5.1.4 自然风格

也许为了寻找故乡的情怀，回归大自然，人们越来越喜爱自然风格。自然风格在装修中主要表现为尊重民间的传统习惯、风土人情，保持民间特色。主要运用地方建筑材料或利用当地的传说故事等作为装饰的主题。这样可使室内景观丰富多彩，妙趣横生。这种思绪使人们崇尚自然的室内布置，例如采用不加粉饰的砖墙面；将粗犷的木纹刻意露于室内；木、藤家具造型拙朴，甚至带着原有的树皮，形成一种自然轻松的田园韵味；有的将绿色植物、花卉、鸟雀引进室内，使人犹如置身于大自然的怀抱（见图 5-1-21 和图 5-1-22）。

5.1.5 混合型风格

近年来，建筑设计和室内设计在总体上呈现多元化、兼容并蓄的状况。室内设计也有既趋于现代实用，又吸取传统的特征，集古今、中西于一体。例如传统的屏风、摆设和茶几，配以现代风格的墙面及门窗、新型的沙发；西式古典的琉璃灯具和壁面装饰，配以东方传统的家具和陈设、小品等。混合型风格虽然在设计中不拘一格，运用了多种形式，事实上仍然是设计师深入推敲形体、色彩、材质、总体构图和视觉效果后得出的结果（见图 5-1-23 和图 5-1-24）。

图 5-1-21 自然风格的室内

图 5-1-22 自然风格的露台

图 5-1-23　混合风格的室内（一）　　　　　　　　　　图 5-1-24　混合型风格的室内（二）

5.2　室内设计的流派

流派，即室内设计的艺术派别。现代室内设计从所表现的艺术特点分析，主要有高技派、白色派、光亮派、新古典主义派、新地方主义派、超现实主义派、解构主义派、孟菲斯流派和简约主义派等。

5.2.1　高技派

高技派（High Tech）是活跃于20世纪50年代末至70年代初的一个设计流派。高技派的风格在建筑及室内设计形式上主要是突出工业化特色、突出技术细节，强调运用新技术手段反映建筑和室内的工业化风格，创造出一种富有时代情感和个性的美学效果。

具体风格特征如下所述。

（1）内部结构外翻，显示内部构造和管道线路，强调工业技术特征。

（2）表现过程和程序，表现机械运动，如将电梯、自动扶梯的传送装置都做透明处理，让人们看到机械设备运行的状况。强调透明和半透明的空间效果，喜欢采用透明的玻璃、半透明的金属格子等来分割空间。

以充分暴露结构特点的法国蓬皮杜国家艺术中心（Center Gulture Pompidov），坐落于巴黎市中心，是由英国建筑师罗杰斯（Richard Rogers，1933—　）和意大利建筑师皮亚诺（Renzo Piano，1937—　）共同设计，建筑外观像一个现代化的工厂，结构和各种涂上颜色的管道均暴露在外。在室内空间中，所有结构管道和线路同样都成为空间构架的有机组成部分。主体空间是跨度达48m的极端灵活的大空间，可以根据需要自由布置。而电梯、楼梯、设备等辅助部分被放置在建筑外面，以保证内部空间的绝对灵活性。作为高技派的代表作，蓬皮杜艺术中心表现出对结构、设备管线、开敞空间、工业细化部分和抽象化的极端强调，反映了当代新工业技术的"机械美"设计理念（见图5-2-1～图5-2-4）。

另外，罗杰斯独立设计的伦敦劳埃德保险公司、诺曼·福斯特（Norman Foster）设计的香港汇丰银行都是具有国际影响力意义的高技派作品，体现了高度发达的工业所赋予的建筑新形象（见图5-2-5～图5-2-7）。

5.2.2　白色派

白色派的室内各界面、家具大量运用白色，构成了这种流派的基调。由于白色给人以纯净的感觉，能增加室内的亮度，而且在造型上又有独特的表现力，使人能感到积极乐观或产生美的联想（见图5-2-8）。

图 5-2-1　法国巴黎蓬皮杜国家
艺术中心外观

图 5-2-4　法国巴黎蓬皮杜国家艺术中心室内扶梯

图 5-2-2　法国巴黎蓬皮杜国家艺术中心室内（一）

图 5-2-5　劳埃德保险公司外观

图 5-2-3　法国巴黎蓬皮杜国家艺术中心室内（二）

图 5-2-6　劳埃德保险公司室内

图 5-2-7　香港汇丰银行室内

图 5-2-8　白色派室内

白色派的室内设计一般有如下特征：

（1）空间和光线是白色派室内设计的重要因素，往往予以强调。

（2）室内的墙面和天花一般均为白色材质，或带有一点色彩倾向的接近白色的颜色。通常在大面积白色的情况下，采用小面积的其他颜色进行对比。

（3）地面色彩不受白色限制，一般采用各种颜色和图案的地毯。

（4）选用高洁、精美和能够产生色彩对比的灯具家具等室内陈设。

5.2.3　光亮派

光亮派竭力追求丰富、夸张、富有戏剧性变化的室内气氛。在设计中强调利用现代科技的可能性，充分运用现代材料、工艺和结构，去创造一种光彩夺目、豪华

绚丽、交相辉映的效果（见图 5-2-9和图 5-2-10）。

光亮派室内设计一般有如下特点：

（1）设计时大量使用不锈钢、铝合金、镜面玻璃、磨光石材或复合光滑的面板等装饰材料。

（2）注重室内灯光照明效果，惯用多种照明形式以增加室内空间丰富的灯光气氛。

（3）使用色彩鲜艳的地毯和款式新颖、别致的家具及陈设艺术品。

5.2.4　新古典主义派

新古典主义派也被称为历史主义（Neo - Classical），是现代社会比较普遍流行的一种风格。主要是运用传统美学法则并使用现代材料与结构进行的室内环境设计，追求一种设计潮流，反映出现代人们的怀旧情绪和传统情节，号召设计师们要到历史中去寻找美感。

图 5-2-9　光亮派的室内（一）

图 5-2-10　光亮派的室内（二）

图 5-2-11　新古典主义派室内

图 5-2-12　新疆君邦天山饭店

新古典主义具体特征如下所述：

（1）追求古典的风格，并用现代材料和加工技术去追求传统的风格特点。

（2）对历史中的样式用简化的手法，且适度地进行一些创造。

（3）注重装饰效果，往往会去照搬古代家具、灯具及陈设艺术品来烘托室内环境气氛（见图 5-2-11）。

5.2.5　新地方主义派

与现代主义趋同的"国际式"相对立，新地方主义（New Regionalism）主要是强调地方特色或民族风格的设计创作倾向，提倡因地制宜的乡土味和民族化的设计原则（见图 5-2-12）。

新地方主义一般有如下特征：

（1）由于地域的差异，因此就没有严格的一成不变的规则和确定的设计模式，设计时发挥的自由度较大，以反映某个地区的艺术特色为目的。

（2）设计中尽量使用地方材料和做法。

（3）注意建筑室内与当地风土环境的融合，从传统的建筑和民居中汲取营养，因此具有浓郁的乡土风味。

5.2.6　超现实主义派

在室内设计中营造一种超现实的充满离奇梦幻的场景，通过别出心裁的设计，力求在有限的空间中制造一种无限的空间感觉，创造"世界上不存在的世界"，甚至追求一种太空感和未来主义倾向。超现实主义室内设计手法离奇、大胆，因而产生出人意料的室内空间效果（见图 5-2-13 和图 5-2-14）。

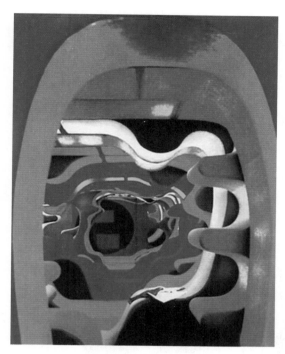

图 5-2-13 超现实主义派作品（一）

图 5-2-14 超现实主义派作品（二）

图 5-2-15 西班牙毕尔巴鄂的古根海姆
艺术馆外观

超现实主义一般有如下特征：

（1）设计奇形怪状的令人难以捉摸的内部空间形式。

（2）运用浓重、强烈的色彩及五光十色、变幻莫测的灯光效果。

（3）陈设与安放造型奇特的家具和设施。

5.2.7 解构主义派

解构主义是 20 世纪 60 年代，以法国哲学家德里达为代表的群体所提出的哲学观念，是对 20 世纪前期欧美盛行的结构主义、理论思想传统的质疑和批判。建筑和室内设计中的解构主义派对传统古典、构图规律等均采取否定的态度，强调不受历史文化和传统理性的约束，是一种貌似结构解体，突破传统形式构图，用材粗放的流派。

由于其强烈的表现主义特征，形象怪异，不合常规，解构主义建筑设计在整个以开放包容自居的欧美社会里也受到了相当的保留。解构主义大师盖里其解构主义的设计不能被美国社会充分认可，反而要寻求到欧洲深入发展。盖里的著名建筑有西班牙毕尔巴鄂的古根海姆艺术馆，其体形弯扭，内部错综复杂，难以名状。内部采用钢结构，外表用闪闪发光的钛金属饰面，钛板总面积达 2.787 万 m^2（见图 5-2-15）。

屈米的解构主义作品巴黎拉维莱特公园的红色构筑物具有各式功能，如咖啡馆、观景平台、儿童活动空间等，由基本的正方体解构成复杂的几何体（见图 5-2-16 和图 5-2-17）。

解构主义的室内设计一般有如下特征：

（1）刻意追求毫无关系的复杂性，无关联的片段与片段的叠加、重组，具有抽象的废墟般的形式和不和谐性。

图 5-2-16　巴黎拉维莱特
公园的红色构筑物（一）

图 5-2-17　巴黎拉维莱特公园的红色构筑物（二）

（2）设计语言晦涩，片段强调和突出设计作品的表意功能，因此设计作品与观赏者之间难以沟通。

（3）反对一切即有的设计规则，热衷于肢解理论，打破了过去建筑结构重视力学原理的横平竖直的稳定感和固定感。其建筑、室内设计作品给人以灾难感、危机感、悲剧感，使人获得与建筑的根本功能相违背的感受。

（4）无中心、无场所、无约束，具有设计者因人而异的任意性。

5.2.8　孟菲斯流派

孟菲斯流派是 20 世纪 70 年代后期在意大利兴起的一个流派。反对单调、冷峻的现代主义，提倡装饰。代表人物是埃托雷·索特拉斯，他创造了许多形式怪诞，颇具象征意义的艺术品、日用品等。他与其他一些"反设计"的同仁们成立了"阿尔奇米亚"设计室，开始了取代现代主义的艺术运动。目标为：不相信设计计划完整性的神秘；寻求"表现特征"为设计新意；将设计流派在循环恢复色彩、装饰的生命活力；把研究重点放在

人与周围事物的相关性上。

"阿尔奇米亚"设计风格独特，常常超于人的意料之外，造型丰富，独具匠心，大胆运用色彩和图案装饰，但手工制作产品数量有限，未能得到发展。

20 世纪 80 年代初发展成"孟菲斯集团"，"孟菲斯"的设计师们从西方的设计中获得灵感，20 世纪初的装饰艺术、波普艺术、东方和第三世界艺术传统、古代文明和国外文明中神圣的纪念碑式建筑都给他们以启示参考。孟菲斯的设计师们认为：他们的设计不仅使人们生活得更舒适、快乐，而且有反对等级制度的政治宣言，具有存在主义思想内涵，以及所谓视觉诗歌和对固有设计观念的挑战（见图 5-2-18）。

孟菲斯流派的室内设计一般有如下特征：

（1）室内设计空间布局不拘一格，具有任意性和展示性。

（2）常用新型材料、明亮的色彩和新奇的图案来改造一些传统的经典家居，显示其双重译码，既是大众的，

又是历史的；既是传世之作，又是随心所欲。

（3）在设计造型上打破横平竖直的线条，采用波形曲线、平面的组合，来取得室内意外效果。

（4）常对室内界面进行表层涂饰，具有舞台布景般的非长久性的特点。

5.2.9 简约主义派

简约主义也称为极少主义，从众多流派中脱颖而出，影响力已经涵盖室内设计中所有的领域。它较之现代主义表现更为精简与抽象。有人认为极少主义是一种极端的形式主义，崇拜"干净利落"到了不惜代价的程度。认为"少就是任何多余的东西都不要"。他们把室内所有的元素（梁、板、柱、窗、门、框等）简化到不能再简的地步（见图 5-2-19 和图 5-2-20）。

简约并不等于简单，简约是在简单设计的创意中，融入更多个性化的创意。简约将物体形态提炼为一种高度浓缩、高度概括的抽象形式。看上去越简单的建筑实际上需要越细致的设计及更多采用先进的技术，尽可能接近材料的本质。

简约主义派的室内设计一般有如下特征：

（1）将室内各种设计元素在视觉上精简到最少，大尺度低限度地运用形体造型。

（2）追求设计的几何性和秩序感。

（3）注意材质与色彩的个性化运用，并充分考虑光与影在空间中所起的作用。

图 5-2-18　孟菲斯流派作品

图 5-2-19　简约主义的室内（一）

图 5-2-20　简约主义的室内（二）

本 章 小 结

本章通过对室内设计中风格和流派产生的历史背景、经典作品和代表人物的介绍，有助于学生理清历史脉络，全面掌握建筑与室内设计的发展历程，为今后从事相关的设计工作积累大量的视觉经验和素材。

复 习 思 考 题

1. 室内设计的风格有哪些？分别具有哪些特点？
2. 室内设计的流派有哪些？分别具有哪些特点？
3. 试述当代设计师在吸收中国传统室内装饰风格的基础上的创新探索。
4. 用典型实例说明高技派和后现代派的装饰特点。

第6章 室内设计的要素

【本章概述】

　　室内设计是一个理性思考与系统化的工作进程，为了让学习者系统掌握室内设计的基础知识，本章主要从室内空间、界面材料、灯光、色彩、家具、陈设和绿化等方面，简略得当、图文并茂地介绍室内设计各要素。

【学习重点】

　　掌握室内空间组织、界面处理、物理环境（照明、色彩、材质、声效）以及内含物（家具、陈设、绿化）的设计和选配。

6.1 室内空间设计

　　《道德经》里有句名言，"埏埴以为器，当其无，有器之用。凿户牖以为室，当其无，有室之用。故有之以为利，无之以为用。"这句话建筑业人士用来解释空间很恰当。即人们建房、立围墙、盖屋顶，而真正实用的却是空的部分；围墙、屋顶为"有"，而真正有价值的却是"无"的空间；"有"是手段，"无"才是目的。法国建筑理论家和历史学家奥特·勒·杜克（Eugene - Emmanuel Viollet - le - Duc，1814—1879）所著《历代人类住屋》（The Habitations of Man in All Ages）一书中，在"第一座住屋"（见图 6 - 1 - 1）中，向我们说明了一组"原始"居民正在建屋的情况，他们把树干的顶端扎在一起，在它周围的表面上编织着许多小的树枝和小树干。

6.1.1 空间及室内空间概述

　　空间是物质存在的一种客观形式，由长度、宽度和高度表现出来，一切物体都有着一定的空间。从几何学的观点来说，空间是由点、线、面、体，轴线。坐标系，

图 6 - 1 - 1　第一座住屋

向度概念，以及各种规则的几何图形和透视关系等构成的（见图 6 - 1 - 2）。

　　室内空间是建筑空间环境的主体，建筑以室内空间来表现它的使用性质。进入建筑物中，您就会感受到空间的存在，这种感觉来自于周围室内空间的天棚、地面与墙面所构成的三度空间。

图 6-1-2 空间的形成

6.1.2 室内空间概念

所谓建筑的"室内空间"及"室外空间"是根据建筑空间的围合方式和边界条件为基本依据而对建筑空间的一种分类研究方法。室内空间是被底界面、侧界面、顶界面同时围合而成的建筑内部空间。室内空间，受自然环境限制较少。建筑外部和大自然发生关系，如天空、阳光、太阳、山水、树木花草；建筑内部主要和人工因素发生关系，如地面、家具、灯光、陈设等。

室外是无限的，室内是有限的。相对来说，室内空间对人的视角、视距、方位等方面都有一定的影响。由空间采光、照明、色彩、装修、家具、陈设等多种因素综合造成的室内空间，在人的心理上产生比室外空间更强的承受力和感受力，从而影响到人的生理、精神状态。室内空间的这种人工性、局限性、隔离性、封闭性、贴近性，使得有些人称其为"人的第二层皮肤"。

6.1.3 空间的功能

空间的功能包括物质功能和精神功能，两者是不可分割的。物质功能体现在空间的物理环境，如空间的面积、大小、形状、通行空间、消防安全空间等，同时还要考虑到采光、照明、通风、隔声、隔热等物理性能。精神功能是建立在物质功能基础之上，在满足物质功能的同时，以人的文化、心理精神需求为出发点，从人的爱好、愿望、审美情趣、民族习俗、民族风格等方面入手，创造出适宜的建筑室内环境，使人们获得精神上的满足和美的享受。

6.1.4 室内空间布局

室内的空间布局是指对建筑室内空间的重新规划，它是对环境和氛围的升级，力求符合业主的实际需要并使其更人性化。

6.1.4.1 空间组成

（1）基面：通常是指室内空间的底界面或底面，建筑上称为"楼地面"或"地面"。

1）水平基面：水平基面的轮廓越清楚它所划定的基面范围就越明确。

2）抬高基面：采用抬高部分空间的边缘形式以及利用基面质地和色彩的变化来达到这一目的。

3）降低基面：将部分基面降低，来明确一个特殊的空间范围，这个范围的界限可用下降的垂直表面来限定。

（2）顶面：即室内空间的顶界面，在建筑上称为"天花"或"顶棚"、"天棚"等。

（3）垂直面：又称"侧面"或"侧界面"，是指室内空间的墙面（包括隔断）。

6.1.4.2 空间类别

在进行室内空间设计之前，首先要弄清室内空间的类别，这样才能使设计做到合理适当。

（1）公共空间。公共空间是指社会性的人流集中的空间环境。如公共建筑中的大厅、休息厅、观众厅、餐厅等（见图 6-1-3），居住建筑中的起居室、客厅等，这类空间要求宽敞、明亮并可多种功能共用。

（2）私密空间。私密空间主要是指少数人或个人使用的需要与外界隔开的空间，如高层领导的办公室、机要档案室、卧室、浴厕、书房等，这种空间要求隐蔽、宁静、舒适（见图 6-1-4）。

（3）服务空间。服务空间是指为日常的生产生活服务的辅助空间，如车库、仓库、厨房、洗衣室、锅炉房、空调机房等，这类空间在设计中注意防止对私密空间和公共空间产生干扰，不影响正常的生产和生活。

图 6-1-3 德国历史博物馆

图 6-1-4　银色小屋（伊东丰雄）

单边穿越　　　　对角穿越　　　　交叉穿越

图 6-1-5　穿越室内空间的形式

上述各类空间应尽可能的相对集中，最好能够做到完全独立，形成单独的区域，区域内部各房间要相互直接连通，但尽量避免穿越，以防止影响空间的完整性。而且，各空间区域要力求保持一定的距离，保持空间的安宁气氛，使之互不干扰。

6.1.4.3　空间动线

所谓室内空间的动线就是各空间之间的联系路线，在室内空间设计中具有很重要的地位。室内空间动线具有两个方面的意义：①实际应用方面的意义；②视觉心理方面的意义。

（1）室内动线的实用性。主要是要求动线要畅达、通畅、直接而不迂回，流动方向要清晰明确，易于识别。动线尽量单纯而不交叉，要做到互不干扰，当需要穿越空间的时候应尽量做到合理、简捷、清楚、明确。这里所讲的穿越空间就是指当我们从甲空间进入丙空间时，必须穿越乙空间的情况。穿越空间主要包括单边穿越空间、对角穿越空间、交叉穿越空间等形式（见图 6-1-5）。

（2）动线的视觉心理。室内动线的设计客观决定了人对室内空间的观赏次序，而不同的观赏次序对人在视觉心理上会产生种种不同的反映，特别是对向纵深方向

发展的系列空间，这种反映就更加明显。此外，进入空间时还要求有良好的对准性，一般说对准角度以 45°左右为准。就是人在进入空间时其整个过程是先看到主要空间的一半左右，然后顺应视觉心理自然地正对活动中心。

另外，在空间动线的设计上，还要注意观赏的整体效果，要尽力做到有主有从，层次分明而又清晰。切不可方向多变、动线复杂，以致造成观看时左顾右盼，应接不暇，甚至失去观赏的正常秩序。

6.1.5　室内空间的类型

基于日益发展的科技水平和不断求新的开拓意识，人们创造了丰富多彩的室内空间形态，常见的空间形态有固定空间、可变空间、开敞空间、封闭空间、静态空间、动态空间、结构空间、共享空间、虚拟空间、流动空间、母子空间等。

6.1.5.1　结构空间

通过对外露部分的观赏，来领悟结构构思及营造技艺所形成的空间美的环境，统称为结构空间。人们对结构的精巧构思和高超技艺有所了解、引起赞赏，从而更增强室内空间的表现力与感染力，这已成为现代空间艺

术审美中极为重要的倾向（见图6-1-6）。

室内设计应充分利用合理的结构本身为空间艺术创造所提供的明显的或潜在的条件。结构的现代感、力度感、科技感和安全感，是真、善、美的体现，较之繁琐和虚假的装饰，更具有震撼人心的魅力。

6.1.5.2 开敞空间与封闭空间

开敞空间和封闭空间是相对而言的，开敞的程度取决于有无侧界面，侧界面的围合程度，开洞的大小及启闭的控制能力。两者在程度上也有区别，如介于两者之间的半开敞和半封闭空间。它取决于房间的使用性质和周围环境的关系，以及视觉和心理上的需要。

开敞空间具有外向性，限定度和私密性较小，强调与周围环境的交流、渗透，讲究对景、借景，与大自然或周围空间的融合（见图6-1-7），经常作为室内外的过渡空间，有一定的流动性和很高的趣味性，是开放心理在环境中的反映。

用限定性比较高的围护实体（承重墙、轻体隔墙等）包围起来的，无论是视觉、听觉、小气候等都有很强的隔离性的空间称为封闭空间。随着围护实体限定的降低，封闭空间的封闭性也会相应减弱，而与周围环境的渗透性相对增加。封闭空间具有领域感、安全感和私密性等特点，其性格是内向的、拒绝性的，如图6-1-8所示。

6.1.5.3 动态空间与静态空间

动态空间引导人们从动的角度观察周围事物，把人们带到一个由空间和时间相结合的"第四空间"（见图6-1-9）。其特色是：

图6-1-6 北京南站

图6-1-7 横滨某公寓，
室内外空间形成一个整体

图6-1-8 伦敦乐家卫浴展厅

图6-1-9 德国历史博物馆
楼梯塔（贝聿铭）

（1）利用机械化、电气化、自动化的设备如电梯、自动扶梯等加上人的各种活动，形成丰富的动势。

（2）组织引人流动的空间系列，方向性比较明确。

（3）空间组织灵活，人的活动路线不是单向而是多向。

（4）利用对比强烈的图案和有动感的线型。

（5）光怪陆离的光影，生动的背景音乐。

（6）引进自然景物，如瀑布、花木、小溪、阳光乃至禽鸟。

（7）楼梯、壁画、家具等使人时停、时动、时静。

（8）利用匾额、楹联等启发人们对动态的联想。

静态空间一般来说形式相对稳定，常采用对称式和垂直水平式做界面处理。人们热衷于创造动态空间，但仍不能排除对静态空间的需要，这是基于动静结合的生理规律和活动规律，也是为了满足心理上对动与静的交替追求（见图6-1-10）。静态空间一般有下述特点：

（1）空间的限定度比较强，趋于封闭型。

（2）多为尽端空间，序列至此结束，私密性较强。

（3）多为对称空间（四面对称或左右对称），除了向心、离心以外，较少其他的倾向，达到一种静态的平衡。

（4）空间及陈设的比例、尺度协调。

（5）色调淡雅和谐，光线柔和，装饰简洁。

（6）视线转换平和，避免强制性引导视线的因素。

6.1.5.4　流动空间

流动空间的主旨是不把小空间作为一种消极静止的存在，而是把它看作一种生动的力量。在空间设计上，避免孤立静止的体量组合，而追求连续的运动空间（见图6-1-11）。空间在水平和垂直方向都采用象征性的分隔，并保持最大限度的交融和连续，视线通透，交通无阻隔性或极小阻隔性。为了增强流动感，往往借助流畅的极富动态的、有方向引导性的线型。空间的流动感也往往是由于按照空间构图原理，在直接利用结构本身所具有的受力合理的曲线或曲面的几何体而形成。

(a)

(b)

(c)

图6-1-10　静态空间

（a）巴黎卢浮宫扩建；（b）光之教堂；（c）建筑博物馆（伊东丰雄）

图 6-1-11　Roca 展馆中波浪起伏的
白色墙壁带来的流动（扎哈）

图 6-1-12　Tama 大学图书馆（伊东丰雄）

图 6-1-13　Tama 大学（伊东丰雄）

图 6-1-14　长沙财信会所

在某些需要隔音或保持一定小气候的空间，经常采用透明度大的隔断，以保持与周围环境的流通。

6.1.5.5　虚拟空间

虚拟空间的范围没有十分明显的隔离形态，也缺乏较强的限定度，是只靠部分形体的启示，依靠联想和"视觉完形性"来划定的空间，所以又称"心理空间"（见图 6-1-12）。这是一种可以简化装修而获得理想空间感的空间，它往往是处于母空间中，与母空间流通而又具有一定独立性和领域感。

虚拟空间可以借助各种隔断、家具、陈设、绿化、水体、照明、色彩、材质、结构构件及改变标高等因素形成。这些因素往往也会形成重点装饰。

6.1.5.6　共享空间

共享空间的产生是为了适应各种频繁的社会交往和丰富多彩的旅游生活的需要（见图 6-1-13）。它往往处于大型公共建筑内的公共活动中心和交通枢纽，含有多种多样的空间要素和设施，使人们在精神上和物质上都有较大的挑选性，是综合性、多用途的灵活空间。

6.1.5.7　母子空间

母子空间是对空间的二次限定，是在原空间（母空间）中用实体性或象征性手法再限定出的小空间（子空间）。这种类似我国传统建筑中的"楼中楼"、"屋中屋"的做法，既能满足功能要求，又丰富了空间层次（见图 6-1-14）。许多子空间（如在大空间中围起的办公小空间，或在大餐厅中分隔出来的小包厢座），往往因为有规律地排列而形成一种重复的韵律。它们既有一定的领域感和神秘性，又与大空间有相当的沟通，是闹中取静，很好地满足群体与个体，能在大空间中各得其所、融洽相处的一种空间类型。

6.1.6 室内空间的利用

人们不同的生活、居住、活动，需要在不同的功能空间里才能得以完成，这些空间可以是交通空间，也可以是储藏空间，或者是活动空间。交通空间起着室内外及不同功能空间的衔接作用，要求交通便捷，方便联系；储藏空间要求隐蔽、安全，储取物品便利，按储物的大小和储物的要求去确定空间形式；活动空间所占的比重最大，内容最丰富，要求方便使用，有利活动，还要最大限度地减少互相干扰。怎样使有限的空间得到有效和充分的利用，从而为使用者提供一个完整的、舒适的生活环境，成为我们值得深思的问题。

6.1.6.1 空间利用的原则

在利用室内空间时，首先要建立起综合的辩证的设计观念，决不能孤立地单纯考虑哪一个方面，经常出现的是将空间的实用功能与美学原则对立起来，认为"屋里挤怎么摆也不会好看"，或者仅仅为了好看而降低实用效果的观点和做法都是不可取的。这里关键还在于设计中是否树立辩证唯物主义观念，只要有了它作指导，然后对利用空间的方案进行巧思冥想和精心推敲，许多功能和美观上的矛盾是可以解决的。

6.1.6.2 室内空间分隔的常见方式

（1）绝对分隔也称通隔，用承重墙、到顶的轻体隔墙等限定度较高的实体界面分隔空间，空间界限明确，独立感强，隔离性强（隔视线和光线、声音、湿度等），与外界流动性较差，空间具有静态、安静、私密、内向的特性（见图 6-1-15）。

（2）局部分隔也称半隔，运用片段的面划分空间，空间界限不十分明确、不完全封闭，限定度较低，抗干扰性要差于前者，但空间隔而不断，层次丰富，流动性较好。可以用实面，也可以是通过开洞等方式或使用透射材料形成的围合感较弱的虚面。它的特点介于绝对分隔与象征性分隔之间。限定度随分隔界面的材质、大小、形态等有所区别（见图 6-1-16）。

（3）象征性分隔也叫虚拟分隔，是限定度最低的一种空间划分形式，其空间界面模糊、含蓄，甚至无明显界面，主要用片段、低矮的面，栏杆、花格、构架、玻璃等通透的隔断，家具、绿化、水体、高差、悬垂物、音响、色彩、材质、光线、气味等因素分隔。侧重心理效应和象征意味，空间随具体情况呈现清晰或模糊，空间开敞、通透、流动性强（见图 6-1-17）。

（4）弹性分隔，界面根据空间的不同使用要求能够移动或启闭，可以随时改变空间的大小、尺度、形状。它具有较大的机动性和灵活性，如拼装式、折叠式、升降式等活动隔断、帘幕，以及活动地面、顶棚和家具等都是常用的弹性分隔手段。

6.1.6.3 异型空间的巧用

建筑空间由于结构、构造和设备管道等原因会在室内空间中形成许多不规则的"异型空间"，这类空间对摆放家具、设备都不适用，我们通常称之为"旮旯"、"死角"，在对这些小空间进行利用时应注意以下几方面的问题：

（1）带有斜屋面的顶层阁楼通常可作为储藏空间，也可以用来存放不常用的设备、工具等。

（2）对于高大空间可采用"夹层"来增加一个小空间，或者在一些不重要的小空间上面采用吊柜的形式来增加一些储藏空间。这种"占天不占地"的方法在住宅中经常使用。

（3）框架结构的住宅建筑内墙一般不承重，只起围合、分隔作用，可以利用两柱之间的空间用储藏柜代替间壁墙，这样既节省了空间，也在表面形成了平整的装饰墙面。

（4）一层楼梯的底部形成一个三角形空间，多做成储藏空间（见图6-1-18）；大一点的楼梯底部，还能满足一个小卫生间的需求。

（5）用木结构做起的地台其内部空间可以利用，或做成抽屉，或做成可翻开的面板，用来存放杂物。

（6）对设备管道、管道井的装饰可结合小型储藏空间一并考虑，诸如牙具、洗漱用品等小物件并不需要很大的存放空间，只要排列整齐，拿起方便即可。

图 6-1-15 住吉的长屋

图 6-1-16 某新中式会所包间

图 6-1-17 美国 ULL 艺术博物馆

图 6-1-18 阁楼的利用

6.2 室内界面材料

室内界面，即围合成室内空间的底面（楼、地面）、侧面（墙面、隔断）和顶面（平顶、天棚）。人们使用和感受室内空间时，通常直接看到甚至触摸到的则为界面实体。

室内装饰材料的选用，是界面设计中涉及设计成果的实质性的重要环节，它直接影响到室内设计整体的实用性、经济性、环境气氛和美观与否。设计人应熟悉材料质地、性能特点，了解材料的价格和施工操作工艺要求，善于和精于运用当今的先进物质技术手段，为实现设计构思，创造坚实的基础。

6.2.1 界面装饰材料的选用要求

6.2.1.1 适应室内使用空间的功能性质

对于不同功能性质的室内空间，需要由相应类别的界面装饰材料来烘托室内的环境氛围，例如文教、办公建筑的宁静、严肃气氛，娱乐场所的欢乐、愉悦气氛，与所选材料的色彩、质地、光泽、纹理等密切相关（见图6-2-1）。

6.2.1.2 适合建筑装饰的相应部位

不同的功能空间，相应地对装饰材料的物理、化学性能、观感等的要求也各有不同，如室内房间的踢脚部位，由于需要考虑地面清洁工具、家具、器物底脚碰撞时的牢度和易于清洁，因此通常需要选用有一定强度、硬质、易于清洁的装饰材料。

6.2.1.3 符合更新、时尚的发展需要

由于现代室内设计具有动态发展的特点，设计装修后的室内环境，通常并非是"一劳永逸"的，而是需要更新，符合时尚要求。原有的装饰材料会由无污染、质地和性能更好的、更为新颖美观的装饰材料来取代。

6.2.2 常用界面装饰材料

6.2.2.1 木材

木材用于室内设计已有悠久的历史，材质轻，强度高，有较好的弹性、韧性、易加工、易进行表面涂饰，对电、热、声音有绝缘性。特别是木材的自然纹理，柔和温暖的视觉、触觉感受是其他材料无法替代的。木材可以加工成条状材料，做骨架，也可以加工成不同厚度、宽度的板材（见图6-2-2）。在硬度上，有硬木、软木之分。木材必须经过干燥处理，将含水量降到允许范围内，再加工使用。常用的原木有杉木、红松、榆木、水曲柳、香樟、椴木等，比较贵重的有花梨木、榉木、橡木等。

图6-2-1 宁波历史
美术馆（王澍）

(a)

(b)

图6-2-2 木材在室内空间中的运用
(a) 红牛总部；(b) 梼原木桥博物馆（隈研吾）

木材按其内部构成可分为天然材、人造材和集成材。

（1）天然材。天然材分软木材和硬木材两种，室内装饰工程的天然木制品包括地板、门窗、木线、龙骨以及雕刻制品等。

软木材，主要是指松、柏、杉等针叶树种，木质较软较轻，易于加工，纹理顺直较平淡，材质均匀，胀缩变形小，耐腐性较强。多用于家具和装修工程的框架（如龙骨等基层）制作。

硬木材，主要是指种类繁多的阔叶树种，包括枫木、榉木、柚木、水曲柳、檀木等。多产于热带雨林，虽然容易因胀缩、翘曲而开裂和变形，但木质硬度高且较重，具有丰富多样的纹理和材色，是家具制作和装饰工程的良好饰面用材（见图6-2-3）。

（2）人造材。由于天然材生长周期长，随着人类对森林的大量采伐，地球的森林资源日益匮乏，人们为了充分合理地使用木材，提高木材的使用率，利用木材加工过程中产生的边角碎料，以及小径材等材料，依靠先进的加工机具和新的黏结技术的掌握，生产了许多人造材。目前其使用量已远远超过天然材，其中人造板是目前室内装修以及家具制作最常用的板材，具有幅面大、尺寸标准化、规格化、表面光洁平整等优点，代替木板使用，可大大简化加工工艺，还可降低成本，为木材的利用带来革命性的变化。

成品木材中人造板材的种类包括胶合板、细木工板、装饰面板、刨花板、纤维板、模压饰面板、实木拼装地板等。

（3）集成材。将短小的方材或薄板按统一的纤维方向，在长度、宽度或厚度方向上胶合而成的材料。集成材稳定性好、变形小，可利用短小、窄薄的木材制造大尺度的零部件，提高木材利用率，如指接板就是利用齿形榫可以将小块木材拼接成大尺度的板、枋等。多用于地板、门板、家具等的制作。

6.2.2.2　石材

装饰工程常用的石材有天然石材和人造石材两种。石材由于具有外观丰富，坚固耐用，防水耐腐等众多优点而得到广泛应用。

（1）天然石材。是指从天然岩体中开采出来，经加工而成的块状或板状材料，天然石材主要有花岗石、大理石。

1）花岗岩。花岗石俗称麻石，材质坚硬，构造致密，坚硬耐磨、耐酸碱，不易风化，吸水率低，抗冻性好，但耐火性较差（见图6-2-4）。表面加工程度不同，表面质感也不一样。镜面花岗石板材和细面花岗石板材表面光洁细腻，光亮如镜，质感丰富，有华丽高贵的装饰效果。多用于室内墙面和地面，也用于建筑的外墙面装饰，铺贴

图6-2-4　天然花岗岩

后熠熠生辉（见图6-2-5）。粗面花岗石板材表面粗糙，有一种古朴、回归自然的亲切感。花岗石适用于宾馆、商场、银行和影剧院等大型公共建筑的室内外墙面和柱面的装饰，也适用于地面、台阶、楼梯、水池和服务台等造型面的装饰。

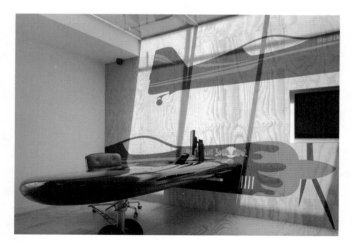

图6-2-3　红牛总部办公室

图6-2-5　ozone酒吧镜面花岗石地面

图 6-2-6　曼谷 LIT 酒店洗手间

图 6-2-7　流水别墅（赖特）

2）大理石。大理石是指变质或沉积的碳酸盐类岩石，经抛光加工后的大理石板材颜色绚丽，有美丽的斑纹或条纹，质感光洁细腻，具有很好的装饰性。与花岗石相比，大理石硬度较低，且不耐酸碱腐蚀，在大气中受二氧化碳、硫化物、水汽等侵蚀，易于溶蚀，失去表面光泽而风化、崩裂。所以除了少数几种质地较纯、稳定耐久的如汉白玉和艾叶青等能用在室外，其余大多数宜用于室内饰面，如墙面、柱面、地面、楼梯的踏步面，服务台和吧台的立面或台面（见图 6-2-6）。

3）天然页岩。天然页岩包括板岩、砂岩、锈板、瓦板等。其构造呈片状结构，易于分裂成薄板，一般不磨光，表面保持劈开后的自然纹理状态，质地坚密，硬度较大，有暗红、灰、绿、蓝、紫等不同颜色，是屋顶、地面、内外墙面及园林建筑的装饰材料（见图 6-2-7）。

图 6-2-8　人造石材

4）鹅卵石。多使用于庭院小径，以及镶拼图案等。

（2）人造石材。人造石材是一种人工合成的装饰材料，按所用黏结剂不同，可分为有机类人造石材和无机类人造石材；按生产工艺的不同，可分为水泥型、聚酯型、复合型、烧结型、微晶玻璃型人造石材。聚酯型较常用，其物理、化学性能好，可制成大幅面薄板，适用于墙面、柱面、台面、地面、建筑浮雕等，还可制造卫生洁具、工艺品和线条。微晶玻璃型人造石材又称微晶板、微晶石，质地坚实致密而均匀，按外形分为普通型板和异型板，按表面加工程度分为镜面板和亚光面板。人造石材重量轻、强度高、耐腐蚀、耐污染，施工方便、花纹图案多样、价格低，所以是理想的装饰材料，应用也很广泛（见图 6-2-8）。

6.2.2.3　金属

金属材料如铁、铝、铜、锰、铬、镍、钨等，有着良好的导电性、导热性和可锻性，且色泽突出，两种以上金属可以组成合金，金属与非金属可以组成具有金属性质的合金。金属材料在装饰设计中分结构承重材料和饰面材料两大类。类型主要有：钢材（包括不锈钢）、铝材、铜材等，各种型钢、板材、管材、异型材及金属连接件、紧固件等非常齐全（见图 6-2-9 和图 6-2-10）。

图 6-2-9　cine17.5 电影院

图 6-2-10　比利时 MAS 博物馆

图 6-2-11　湖景公寓（一）

图 6-2-12　湖景公寓（二）

（1）钢材。以不锈钢应用较为广泛，它以铬为主要合金元素，是在碳钢中加入合金元素而制成的合金钢的一种，具有优良的抗腐蚀性能。根据不锈钢饰面处理方法分为：不锈钢镜面板、雾面板、丝面板、腐蚀雕刻板、凹凸板等。不锈钢薄板经特殊抛光处理后，板面光亮如镜，反射率、变形率与高级镜面相差无几，且耐火、耐潮、不变形、不破碎，安装方便。

（2）铝材。装饰材料中多用铝合金材料，系在铝中加入镁、铜、锰、锌、硅等而制成，可制成平板、波形板或压形板，也可制成各种断面的异型材，多是空心薄壁组合断面，使用方便，重量轻，且截面具有较高的抗弯强度。铝合金氧化层不褪色、不脱落、不需涂漆、易于保养。

（3）铜材。在装修中历史悠久，应用广泛，表面光滑，经抛光处理后可制成亮度很高的镜面铜。常被制作成铜装饰件、铜浮雕、铜条、铜栏杆及五金配件等。

6.2.2.4　玻璃

玻璃材料是常用的装饰材料之一，具有透光、透视、隔音、隔热的特殊性能，不仅在门、窗上广泛应用，在需要提高采光度和装饰效果的墙体、墙面装饰中也常被选用。

（1）平板玻璃。是传统的玻璃产品，主要用于门、窗上，起透光、挡风和保温作用，具有较好的透明度，表面光滑平整，无缺陷（见图 6-2-11）。

（2）压花玻璃。又称花纹玻璃、滚花玻璃。压花玻璃的玻璃表面有花纹图案，可透光，但能遮挡视线，具有透光不透明的特点，有优良的装饰效果。压花玻璃的透视性，因距离、花纹的不同而各异。

（3）喷砂玻璃。包括喷花玻璃和砂雕玻璃，它是由自动水平喷砂机或立式喷砂机加工成的有水平或凹雕图案的玻璃产品。

（4）中空玻璃。是由两层或两层以上普通平板玻璃所构成，四周用高强度、高气密性复合黏结剂，将两片或多片玻璃与密封条、玻璃条黏结密封，中间充入干燥气体。具有良好的保温、隔热、隔音等性能。

（5）钢化玻璃又称强化玻璃，它是利用加热到一定温度后迅速冷却的方法或化学方法，进行特殊处理的玻璃。这种玻璃强度高，其抗弯曲强度、耐冲击强度比普通平板玻璃高3～5倍，安全性能好，有均匀的内应力。钢化玻璃还抗酸碱、耐腐蚀（见图6-2-12）。

（6）彩绘玻璃。是用特殊颜料直接着色于玻璃上，或者在玻璃上喷雕各种图案再加上色彩制成的，可逼真地复制原画，画膜附着力强，可进行擦洗。根据室内彩度的需要，选用彩绘玻璃，可将绘画、色彩、灯光融于一体（见图6-2-13）。

（7）玻璃砖又称特厚玻璃，有空心和实心两种。实心玻璃砖采用机械压制，两块玻璃加热熔接成整体（见图6-2-14）。空心玻璃砖采用箱式模具压制，中间充以干燥空气，经退火、封严侧面缝隙而成。

此外还有夹丝玻璃、夹层玻璃等，随着科技的发展，出现了一些功能奇特的装饰玻璃，如可调透明度的玻璃、发电玻璃、变色玻璃、灭菌玻璃等。

6.2.2.5 瓷砖

瓷砖按工艺分为釉面砖、通体砖、抛光砖、玻化砖、陶瓷锦砖；按功能分为地砖、墙砖及腰线砖等（见图6-2-15）。釉面砖指砖表面烧有釉层的砖，分为两种：一种是用陶土烧制的，另一种是用瓷土烧制的。通体砖是一种不上釉的瓷质砖，有很好的防滑性，具有耐高温、耐严寒、耐撞、耐刮等特点。抛光砖是通体砖经抛光后形成的，这种砖的硬度很高，非常耐磨。玻化砖是一种高温烧制的瓷质砖，是所有瓷砖中最硬的一种。陶瓷锦砖又名马赛克，规格多，薄而小，质地坚硬，耐酸、耐碱、耐磨，不渗水，抗压力强，不易破碎，色彩多样，用途广泛。最早人类将石块凿平来装饰房屋的地面，后来由于陶瓷的发明，扁平的石片演变成了"小马赛克砖"。

图6-2-13　彩绘玻璃带给人们不一样的空间情趣

图6-2-14　家装常用的采光材料

图6-2-15　ozone酒吧单间中的瓷砖墙

6.2.2.6 塑料

塑料是以天然或合成的高分子树脂为主要成分，在一定条件下塑化成形，并能在常温下保持形状不变的制品（见图6-2-16）。特点是密度小、电绝缘性好、耐腐蚀性好，但耐热性差、耐火性差、易老化。改良的塑料装饰材料性能也有很大的提高。

常用塑料装饰材料有塑料饰面板、塑料地板、塑料壁纸、塑胶皮（贴面材料）、塑钢材料等。塑钢门窗以硬聚氯乙烯（PVC）塑料型材为主材，抗风压，强度高，气密性、水密性好，空气、雨水渗透量小，传热系数小，保温节能，隔音隔热，不易老化，配中空玻璃的塑钢窗，其密封、隔音效果更佳（见图6-2-17和图6-2-18）。

6.2.2.7 涂料

涂料是指涂敷于物体表面能与基层牢固黏结形成完整而坚韧保护膜的材料。按涂敷部位不同，涂料主要分为墙漆、木器漆和金属漆。墙漆包括了外墙漆、内墙漆和顶面漆，主要是乳胶漆等品种；木器漆主要有硝基漆、聚氨酯漆等；金属漆主要是指磁漆。

（1）乳胶漆的装饰性好，有多种色彩、光泽（无光、亚光、半光）可以选择，清新、淡雅。近年较为流行的丝面乳胶漆，涂膜具有丝质亚光，手感光滑细腻如丝绸。乳胶涂料以水为分散介质，不污染环境，安全、无毒、无火灾危险，属环保产品。涂膜干燥快，施工工期短，

图6-2-16 欢迎画廊PVC软膜天花

图6-2-17 HotelNuts旅馆走廊的塑料地板

图6-2-18 塑料壁纸花色多清理方便受到大众青睐

施工方便。消费者可以自己动手进行刷涂或辊涂施工。要想改变色彩只需在原涂层上稍作处理，即可涂刷新的乳胶漆。乳胶涂料是目前最受欢迎、最为流行的一种建筑涂料，是建筑涂料的发展方向之一。

（2）液体壁纸也称壁纸漆，是集壁纸和乳胶漆优点于一身的环保水性涂料，可根据装修者的意愿创造不同的视觉效果，既克服了乳胶漆无花纹、无层次感的缺陷，也避免了壁纸易变色、翘边、有接缝等缺点。液体壁纸目前约有 10 大类别，可变换 300 多种花型，90 多种颜色效果。如夜光壁纸漆、变色龙壁纸漆、浮雕壁纸漆等。但液体壁纸价格较高，适宜涂刷小面积的墙面。施工时间也比普通乳胶漆长得多，有七八道工序。

6.2.2.8 织物

织物是以纤维为主要原料，用手工或机械手段编织或通过挤压成型等方式制成的柔性材料。织物材料基本分为天然纤维和化学纤维两大类，天然纤维主要来自植物和动物，包括棉、麻、丝、毛等，由于天然纤维不易获得，所以加工成本较高；化学纤维包括人造纤维和合成纤维。人造纤维是从一些经过化学变化或再生过程的天然产物中提取出来的，合成纤维则主要来自石油化工制品，如尼龙等。织物可由一种纤维制成，也可以由两种或多种纤维混纺而成，以扬长避短、改善纺织品的特性，增加强度以及抗污能力。织物的艺术感染力来自材料的质感、纹路（织物通过印花、织花、刺绣、编织、抽纱等工艺创造出不同的外观）、色彩和图案等特征以及通过打褶、折叠、拉伸等方式形成的松软、自然的独特外观，织物不但会带给我们轻柔、亲切感，并能柔化室内空间，还具有控制噪音以及保暖等作用。

室内空间中的织物主要用于室内墙面、地面、天花及门窗帘、家具蒙面、床上用品等处，像婚嫁庆典时张灯结彩；寺庙中的旗幡、佛帐；官邸、宫殿中的幔帐、床帐，可以相当容易地填补、分隔空间，改变空间层次，烘托、渲染环境气氛（见图 6-2-19）。

图 6-2-19　三里屯瑜舍一层大厅

图 6-2-20　餐饮空间自然材料的运用

6.2.3　界面材料的配置

界面材料是室内设计形式语言中的必备部分，它不仅是内容非常丰富的资源，也是使精神转化为物质的最终媒介。因此，正确地选择和使用材料是使设计理念得到充分表达的关键因素之一。材料的种类繁多，品质各异，同一个设计方案使用不同的材料和做法，会得出完全不同的效果。许多杰出的设计师和他们的作品，都因善于发现并发挥材料的特性，而使作品表现出独特的个性。

界面材料配置的核心问题，是指合理地选择与主题设计相一致的材料和施工方案。在施工前预先对材料的品质、特点、加工方法进行认真的研究，对材料的色彩、质感、使用部位、数量、整体与局部的关系等方面做出预先的安排。界面材料的配置可以根据材料的特性和视觉感受以及施工方案，从理性和感性两种角度进行选择。

6.2.3.1　理性的选材方法

在考虑功能的前提下，将自然材料处理成合乎某种目的和规律的单位，然后再进行组织运用。对自然材料进行加工时，必须保留住那些"生命的迹象"，使自然的"原汁原味"在设计者精心的构思下放射出灿烂的光彩（见图6-2-20）。理性的选材方法，还体现在对单纯的材料通过有秩序的、多变的手法，取得丰富的装饰效果。要认真考虑材料的属性和适用性，并注意材料在不同的场合和不同的使用功能下的磨损、吸声、隔声、阻燃、防火、防水、防滑等因素。

6.2.3.2　感性的选材方法

任何材料都有其自身的特殊品质，除了材料自身的特点之外还要考虑时间因素。陈旧的材料在一般人眼中可能是一堆破烂或垃圾，但在独具慧眼的设计师手中，便可以化腐朽为神奇。旧的东西是时间造成的，它记录了历史，给人以饱经沧桑的历史感。以不影响使用功能为前提，在精致的装饰设计中运用少许旧材料，会取得特殊的装饰效果。

感性的选材方法，其着眼点在于发现那些自然的、未经雕琢过的东西的美感。那些处于事物原始状态的东西，常常具有最容易打动人的魅力。例如，在室内的某些墙面上运用古朴的面砖、粗粝的毛石、古宅的构件、带疤痕的原木板等。

6.3　室内光环境设计

室内光环境设计包括两方面内容：自然光和人工光设计两个部分，其中人工光的设计，涉及光源、照度、光色和照明方式等方面。

6.3.1　自然光环境

通常将室内对自然光的利用，称为"采光"。自然采光可以节约能源，并且在视觉上更为习惯和舒适，心理上更能与自然接近、协调（见图6-3-1）。

6.3.1.1　自然采光的方式

建筑空间中，自然采光应是首要考虑的采光方式。自然采光主要靠设置在墙和屋顶等维护结构的洞口来获取，采光效果主要取决于采光部位和采光口面积大小及形状、位置、透光材料的种类、颜色以及邻近物体的遮挡程度等因素。较大的采光口往往会使室内生机勃勃，较小的采光口则会使室内幽暗神秘并富于戏剧效果。自然采光应结合室内空间的使用功能、特点、风格、当地气候等因素加以确定。根据光的来源方向以及采光口所处的位置，分为侧窗和天窗采光两种方式（见图6-3-2）。

6.3.1.2 自然光的调节

在许多情况下，室内设计师的任务不是取得自然光线的最大效果，而是利用各种手段对其进行调节、修正或控制。直射的阳光会令人感觉不适，影响室内的使用功能。室内设计师的任务是运用各种手段来调节自然光的角度、强度和照射方式等，从而达到使自然光与室内空间效果相吻合的采光效果。

（1）利用窗帘、采光格栅或开启天窗等方法对直射的光线进行调节，以获得合适、稳定的采光。

（2）结合人工照明的设置，采用自然光与人工照明相结合的方式，来弥补、改善自然光线强度变化不定及色温单一的特点。

6.3.2 人工光环境

人工光源是指各种电光源，即由电能转化成光能的光源（见图 6-3-3）。人工光源主要有热辐射光源和气体放电光源两类。

6.3.2.1 热辐射光源

指基于热辐射原理，利用某一物质在高温下发射可见辐射能的光源，热辐射光源主要包括白炽灯和卤钨灯两种类型。

图 6-3-1 深圳华侨城会所（迈耶）

图 6-3-2 毕尔巴鄂古根海姆博物馆

图 6-3-3 日本 Hoki 美术馆

6.3.2.2 气体放电光源

指在电场的作用下，由气体、金属蒸气或两者混合物放电而发光所形成的电源。按发光物质的不同，可分为金属类、惰性气体类、金属卤物类三种。按气体放电形式的不同，可分为弧光放电和辉光放电两类。其中弧光放电灯又分为低压弧光放电灯和高压弧光放电灯。如荧光灯（见图6-3-4和图6-3-5）和低压钠灯是低压弧光放电灯；荧光高压汞灯、高压钠灯、金属卤化物灯是高压弧光放电灯。常用人工光源的主要特性详见表6-3-1。

6.3.3 照度与亮度

照度是指光源照射到物体单位面积上的光通量，单位为勒克斯（LX），以符号E表示。照度是影响视觉功效（即完成视觉作业的速度和精确度）的主要因素，为了获得良好的视觉功效，应根据室内空间的不同类型选择合适的照度。

亮度是指被照物体单位面积在某一方向上所发出或反射的光通量，单位为坎德拉/平方米（cd/m²），以符号L表示。影响亮度分布的三个因素是：物体的视角、背景的亮度、物体和背景之间的亮度对比。调整亮度分布较常采用的手法是调节背景的亮度和照度。

不同功能的空间和同一空间不同的功能区域对照度与亮度分布的要求是不同的，以办公空间和娱乐空间为例，办公空间要求照度偏高且亮度分布均匀（见图6-3-6）。娱乐空间则要求照度偏低且亮度分布可不均匀（见图6-3-7）。因此，设计师应根据空间的类别和实际需要来确定照度与亮度。

表6-3-1　　　　　　　　　　　　　　　常见人工光源的主要特性

光源种类	功率（W）	光效（Lm/W）	平均寿命（h）	色温（k）
白炽灯	60	14.5	1000	2800
卤钨灯	500	19	2000	2950
暖白色荧光灯	40	80	10000	3500
冷白色荧光灯	40	50	10000	4200
日光色荧光灯	40	72.5	10000	6250
高压钠灯	250	100	9000	1950
低压钠灯	135	158	9000	1800
荧光汞灯	400	60	12000	3450
金属卤化钨灯	250	70	6000	5000

图6-3-4　万科三V廊

图6-3-5　于韦斯屈莱大学

6.3.4 光色

光色主要取决于光源的色温，色温值越低则光色中所含红光的成分越多，给人感觉越温暖；色温值越高则光色中所含蓝光的成分越多，给人感觉越凉爽。通常将高于5300K的色温定为冷色，高于3300K且低于5300K的色温定为中间色，将低于3300K的色温定为暖色。高色温的光源在高照度下会表现出活跃、振奋的气氛，适宜用于办公类、商业类等空间中（见图6-3-8）；低色温的光源在低照度下，将营造出温馨、亲切的氛围，较适合用于餐饮类、住宅类等空间中（见图6-3-9）；高色温在低照度下，将会给人以灰暗感；低色温在高照度下，使人感到闷热。因此，这两类情况多适用于有特殊视觉要求的空间，如娱乐空间中。

人工光源的光色一般以显色指数（Ra）来表示，显色指数越高则显色性越好，显色指数越低则显色性越差，各类人工光源的显色指数各不相同，如白炽灯显色指数为97、卤钨灯显色指数为95～99、日光灯显色指数为75～94、白色荧光灯显色指数为55～85、高压汞灯显色指数为20～30、高压钠灯显色指数为20～25。

图6-3-6　集装箱工作室双六办公楼

图6-3-7　流动音乐厅

图6-3-8　办公空间中的高色温光源

图6-3-9　芽庄LAM咖啡厅低色温光源

图 6-3-10　直接照明

图 6-3-11　半直接照明

图 6-3-12　间接照明

图 6-3-13　半间接照明

6.3.5　照明方式

　　人工光的照明方式是指对光源、光量及光质等照明的技术性因素进行分配与调控。人工光的照明方式通常分为五种：直接照明、半直接照明、间接照明、半间接照明和漫射照明。

　　（1）直接照明。光线通过灯具射出，其中 90%～100% 的光通量到达假定的工作面上，这种照明方式为直接照明（见图 6-3-10）。

　　（2）半直接照明。半直接照明方式是半透明材料制成的灯罩罩住光源上部，60%～90% 以上的光线使之集中射向工作面，10%～40% 被罩光线又经半透明灯罩扩散而向上漫射，其光线比较柔和。这种灯具常用于房间

的一般照明（见图 6-3-11）。

　　（3）间接照明。照明方式是将光源遮蔽而产生的间接光的照明方式，其中 90%～100% 的光通量通过天棚或墙面反射作用于工作面，10% 以下的光线则直接照射工作面（见图 6-3-12）。这种照明方式光线比较柔和，没有强烈的暗影效果。

　　（4）半间接照明。半间接照明方式，和半直接照明方式相反，它是把半透明的灯罩装在光源下部，60%～90% 以上的光线射向平顶，形成间接光源，10%～40% 的光线经灯罩向下扩散（见图 6-3-13）。这种方式能产生比较特殊的照明效果，使较低矮的房间有增高的感觉。

　　（5）漫射照明。漫射照明方式，是利用灯具的折射

功能来控制眩光，将光线向四周扩散漫散（见图6-3-14）。漫射照明有两种形式：一是光线从灯罩上口射出经平顶反射，两侧从半透明灯罩扩散，下部从格栅扩散。二是用半透明灯罩把光源全部封闭而产生漫射。照明光线性能柔和，视觉舒适，适用于卧室。

6.3.6 灯具的设计与选择

灯具是室内照明的器具。它在室内环境的设计中，除了其实用价值外，在装饰功能上占有重要的位置。所以它既是人工照明的必需品，又是为创造优美室内环境所不可缺少的设备。

6.3.6.1 灯具的类型

根据灯具安装方式分类，主要包括吊灯、吸顶灯、嵌顶灯、壁灯、轨道灯具、台灯、落地灯和特种灯具。其特点详见表6-3-2。

6.3.6.2 灯具的风格

灯具有多种形式和风格存在，这主要取决于灯具本身的形状及制作的材料，有时还有理念的灌输。灯具的活跃在于其加工相对简单，时间短，变化快，并且要配合建筑氛围的营造，因此它也像家具一样，成为建筑空间中不可缺少的要素之一，并受到空间风格的影响。

（1）中国古代灯具。我国古代灯具，以青铜灯具、陶瓷灯具和宫灯作为突出的代表（见图6-3-15）。中国传统灯具在历史发展的长河中，也在不断地调整和改变。在满足功能的前提下，不同朝代对灯具的处理有所不同。在现代社会中，随着近几年古典文化的复兴，灯具制作依托传统文化的魅力，积极融入现代设计理念（见图6-3-16），如古典样式与现代材料的对比，传统材料与现代工艺的结合等，新古典主义风格应运而生，从而引发了传统灯具的新发展。

表6-3-2 各类灯具特点

类型	特点
吊灯	指使用连接物悬挂于顶棚上的灯具，多用于空间较高、需要直接照明的场所，其形式包括杆式、链式及伸缩式等
吸顶灯	指直接安装在顶棚上的灯具，多用于空间不高、需要直接照明的场所。其形式包括凸出顶棚型、嵌入顶棚型、可调方向型、隐藏型及移动型等
嵌顶灯	指嵌装在顶棚内的隐蔽型灯具，又称镶嵌灯或下射式照明灯，多用于有吊顶的室内
壁灯	指安装在墙面或柱面上的灯具。常与其他灯具配合使用，多用于重点照明和装饰照明
落地灯	是家居客厅、起居室、宾馆客房、接待室等空间的局部照明灯具，是室内陈设之一，具有装饰空间的作用
台灯	坐落在台桌、茶几、矮柜的局部照明的灯具
特种灯具	指具有各种专门用途的灯具。如舞台上的回光灯及追光灯、舞厅内的光束灯及流星灯等

图6-3-14 漫射照明

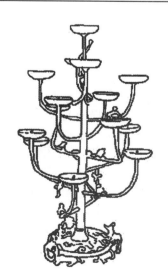

图6-3-15 平山出土的多枝形铜灯

图 6-3-16　传统灯具艺术在现代空间中的传承与发展

图 6-3-17　欧式古典灯饰

图 6-3-18　造型单纯简单的灯饰

图 6-3-19　脑健康研究中心（盖里）

（2）古典欧式灯具。欧式灯具起源于西欧，尤以英国、法国、意大利等地域的文化为代表。欧洲文明在长期的发展中，形成独特的艺术审美情趣，并有别于东方文化。相对于东方文化的典雅，欧洲文化更趋厚重。反映在灯具上，造型复杂又精致，材料贵重又坚固。欧式灯具的构架多选用铁、铜、锡等金属材料，为了体现豪华与精致，水晶、玻璃、透光大理石常被用来作为灯具的罩面材料，与金属骨架融为一体，这也反映了欧式灯具的主要特征（见图 6-3-17）。

（3）现代灯具。简约自然的风格目前较为流行的现代灯具风格。灯饰抛弃繁琐花哨，注重线条的流畅自然，造型多为几何形状，如方、圆等简洁形体（见图 6-3-18）。

现代灯具突出形体的单纯，强调材质和工艺的精湛，造型大方高雅，品位独特，配合家饰，营造另类氛围。

简约灯饰削弱了造型，但强化了工艺和材质。工艺上追求精致典雅，强调细节，对零部件的处理比较苛刻。材质上多选用现代材料，如不锈钢、玻璃、塑料等，反映时代的气息。另外还会选用木材、藤材以及纸材等较为自然朴实的材料，突出灯具的亲切感。

（4）趣味灯饰。灯饰是表达主人个性的有效方法，追求新奇的本性目的使灯具的艺术形式发生了另类的变化。怪诞不失真意，夸张不失含蓄，为灯具的发展提供了广阔的思维想象空间（见图 6-3-19）。

6.3.7 灯光的表现方式

6.3.7.1 面光表现

面光是指室内天棚、墙面和地面做成的发光面。天棚面光的特点是光照均匀，光线充足，表现形式多种多样。

6.3.7.2 带光表现

所谓带光是将光源布置成长条形的光带。表现形式变化多样，有方形、格子形、条形、环形、三角形以及其他多边形。长条形光带具有一定的导向性，在人流众多的公共场所环境设计中常常用作导向照明，其他几何形光带一般作装饰之用。

6.3.7.3 点光表现

点光是指投光范围小而集中的光源。由于它的光照明度强，大多用于餐厅、卧室、书房以及橱窗、舞台等场所的直接照明或重点照明（见图6-3-20）。点光表现

手法多样，由于光线的方向变化，可形成水平方向的顺光和逆光，以及垂直方向的底光和顶光等效果。

6.3.7.4 静止灯光与流动灯光

灯具固定不动，光照静止不变，不出现闪烁的灯光为静止灯光。这种照明方式，能充分利用光能，并创造出稳定、柔和的光环境气氛。相反，流动的照明方式，具有丰富的艺术表现力，是舞台灯光和都市霓虹灯广告设计中常用的手段。流动灯光的霓虹灯不断地流动闪烁，频频变换颜色，不仅突出了艺术形象，而且渲染了环境艺术气氛（见图6-3-21）。

6.3.7.5 激光

激光是由激光器发射的光束。产生激光束的介质有晶体、玻璃、气体（如氩气、氮气等）和染料溶液。某些气体激光器已作为光源用于灯光艺术，其中氦氖激光器是最为常用的一种。

图6-3-20 墨尔本VDM咖啡厅

图6-3-21 "泰坦尼克号"主题博物馆

图 6-3-22　天王星海王星酒店大堂

图 6-3-23　悉尼歌剧院

图 6-3-24　扎克克劳德·博纳德多功能建筑

图 6-3-25　洛杉矶音乐中心休闲区

6.3.8　灯具的形态

灯具的形态主要包括灯具的体量、尺度、形状、色彩和材质等因素。灯具形态的这些因素应根据空间的功能、空间的形态及人们的审美要求来综合考虑，以形成良好的视觉效果。如在空间高大的共享空间中，较适宜选用大尺度或组合式的吊灯，以丰富空间的视觉感觉（见图 6-3-22）。而在空间低矮的走廊空间内，多选择小尺度的吸顶灯或嵌入灯，营造出亲切宜人的氛围。

6.3.9　灯光设计的原则

6.3.9.1　功能性原则

灯光设计首先应符合功能的要求，以保证良好的照明质量（见图 6-3-23）。在室内灯光设计中，应处理好以下几个影响照明质量的方面：①稳定而恰当的照度。一方面可将照明线路和动力线路分开，使工作面的照明电压趋于稳定；另一方面应布置合适的灯具，使工作面上最大和最小照度值之差不大于平均照度的 1/6。②适当的亮度分布，除布置合适的灯具之外，还应采用必要的灯具保护角或降低灯具表面的亮度等措施，使工作照明、环境照明、重点照明之间不形成强烈的亮度对比。③限制眩光和减弱阴影。眩光刺眼会损伤视力，阴影遮蔽细部而不利于观察。具体的方法有：降低光源的亮度、移动光源的位置、隐藏光源或调节光线的投射方向。

6.3.9.2　美观性原则

灯光设计还应符合美观性的原则，即从艺术的角度来研究灯光设计，以增强室内灯光的感染力、丰富空间的层次（见图 6-3-24 和图 6-3-25）。具体可通过以下三种方式进行调节：①利用灯具造型的装饰性；②通过人工光的强弱、明暗、隐现等有节奏的控制；③利用各种光色的艺术渲染力。

6.3.9.3　安全性原则

采用人工光源照明时，应注意照明的安全性以避免事故的发生。一方面在照度要求较高的特定场合应配备事故照明或选用有特殊功能的灯具，如防水、防热、防爆灯具等；另一方面应在使用照明器时注意安全，防止因漏电、短路而引起火灾和伤亡事故。

6.3.9.4　经济性原则

灯光设计应在满足照明要求的基础上，遵循节约电力资源的原则。首先，在达到预期照明效果的前提下，应尽量选用发光效率高、使用寿命长的灯具；其次，应合理布置灯具，控制灯具的数量；最后，应尽量减少由灯具的安装和维护产生的费用。

6.4　室内色彩设计

我们生活在一个彩色的世界中，天空有时是蔚蓝色、淡蓝色；有时是灰色、白色；有时还会是红色、橙色或粉色。我们生活的城市，除了有灰色的钢筋水泥，还到处可见夺人眼球的有着艳丽色彩的广告牌。走进建筑物的室内，我们会被更多的色彩围绕。

色彩的呈现是一个很复杂的过程。一种色彩的产生必须由一系列外在因素（存在于客观的世界）和内在因素（有赖于人的眼睛和大脑）共同构成。外在因素是照明和物体的表面反射；内在因素是人们的视觉系统和大脑中亿万个网状分布的神经元细胞，这些细胞起着接受外界刺激、解码信息并产生色彩知觉的作用。

6.4.1　色彩的基本概念

色彩是光作用于人的视觉神经所引起的一种感觉。物体的颜色只有在光线的照射下才能被人们所识别。如果物体表面没有光反射的波长，就不存在色彩。

色彩具有三种属性称为色彩三要素：明度、色相、彩度，这三者在任何一个物体上都是同时显示和不可分割的。

（1）明度，是眼睛感觉到的色彩明、暗差别。明度高的色彩较浅，明度低的色彩较深。

（2）色相，是指色彩的"相貌"。黑、白、灰被称为无彩色，金、银被称为光泽色。

（3）彩度，也叫纯度、饱和度，是指色彩的纯净程度。越鲜艳的色彩彩度越高。

为了色彩的使用方便，可以将色彩系统化，按一定的规律和秩序排列，最早的色彩表示方式是色相环（见图6-4-1），较为准确和科学的色彩表示方法是色立体，严格按照色相、明度、纯度的科学关系来组织，体现着科学的色彩对比、调和规律，如孟塞尔色立体、奥斯特瓦德色立体（见图6-4-2）。

6.4.2　色彩与视觉感受

色彩对人的视觉冲击往往是比较强烈的，与此同时色彩能带给人感觉和情绪上的感染，而且这种感染带有很大的普遍性。

6.4.2.1　色彩的心理作用

色彩的心理作用是指色彩在人的心理上产生的反应。对于色彩的反应，不同时期、性别、年龄、职业、民族的人，其反应是不同的，对色彩的偏爱也是不一样的。

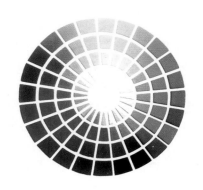

图6-4-1　色相环

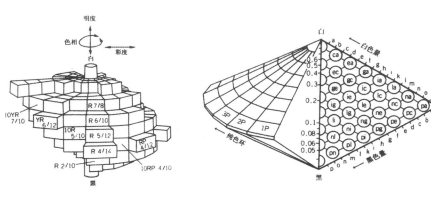

图6-4-2　孟塞尔色立体、奥斯特瓦德色立体

（1）红色。红色是所有色彩中对视觉感觉最强烈和最有生气的色彩，它有强烈地促使人们注意和似乎凌驾于一切色彩之上的力量，它炽烈似火，壮丽似日，热情奔放如血，是生命崇高的象征。红色的这些特点主要表现在高纯度时的效果，当其明度增大转为粉红色时，就戏剧性地变成温柔、顺从的性质。

（2）橙色。橙色比红色要柔和，但亮橙色仍然富有刺激性和兴奋性，浅橙色使人愉悦。橙色常象征活力、精神饱满和交谊性，它没有消极的文化或感情上的联想。

（3）黄色。黄色在色相环上是明度级最高的色彩，它光芒四射，轻盈明快，生机勃勃，具有温暖、愉悦、提神的效果，也是古代帝王的象征。黄色常为积极向上、进步、文明、光明的象征，但当它浑浊时（如渗入少量蓝、绿色），就会显出病态、令人作呕。

（4）绿色。绿色是大自然中植物生长、生机盎然、清新宁静的生命力量和自然力量的象征。从心理上，绿色令人平静、松弛而得到休息。人眼晶体把绿色波长恰好集中在视网膜上，因此它是最能使眼睛休息的色彩。

（5）蓝色。蓝色从各个方面都是红色的对立面，在外貌上蓝色是透明的和潮湿的，红色是不透明的和干燥的，从心理上蓝色是冷的、安静的，红色是暖的、兴奋的；在性格上，红色是粗犷的，蓝色是清高的，对人机体作用而言，蓝色减低血压，红色增高血压。蓝色象征安静、清新、舒适和沉思。

（6）紫色。紫色是红青色的混合，是一种冷红色和沉着的红色，它精致而富丽，高贵而迷人。偏红的紫色，

华贵艳丽；偏蓝的紫色，沉着高雅，常象征尊严，孤傲或悲哀。

6.4.2.2　色彩的物理作用

物体的颜色与周围环境颜色相混杂，可能相互协调、排斥、混合或反射。这就必然影响人们的视觉效果，使物体的大小、形状等在主观感觉中发生这样那样的变化。这种主观感觉的变化，能够用物理单位来表示，故称之为色彩的物理作用。

（1）温度感。在色彩学中，把不同色相的色彩分为热色、冷色和温色，从红紫、红、橙、黄到黄绿色称为热色，以橙色最热。从青紫、青至青绿色称冷色，以青色为最冷。紫色是红（热色）与青色（冷色）混合而成，绿色是黄（热色）与青（冷色）混合而成，因此是温色。这和人类长期的感觉经验是一致的，如红色、黄色，让人似看到太阳、火、炼钢炉等，感觉热（见图 6-4-3）；而青色、绿色，让人似看到江河湖海、绿色的田野、森林，感觉凉爽（见图 6-4-4）。但是色彩的冷暖既有绝对性，也有相对性，愈靠近橙色，色感愈热，愈靠近青色，色感愈冷。如红比红橙较冷，红比紫较热，所以只有两色对比才能有冷暖色之分。此外，还有补色的影响，如小块白色与大面积红色对比下，白色明显地带绿色，即红色的补色（绿）的影响加到白色中。色彩的冷暖引起人的主观感受相差 3~4℃。在室内设计中，正确运用色彩的温度效果，可以制造特定的气氛，弥补不良朝向造成的缺陷。

（2）距离感。色彩可以使人感觉进退、凹凸、远近

的不同。一般暖色系和明度高的色彩具有前进、凸出、接近的效果，而冷色系和明度较低的色彩则具有后退、凹进、远离的效果。室内设计中常利用色彩的这些特点去改变空间的大小和高低。

（3）重量感。色彩的重量感主要取决于明度和纯度，明度和纯度高的显得轻，如桃红、浅黄色。在室内设计的构图中常以此达到平衡和稳定的需要，以及表现性格的需要如轻飘、庄重等。

（4）尺度感。色彩对物体大小的作用，包括色相和明度两个因素。暖色和明度高的色彩具有扩散作用，因此物体显得大。而冷色和暗色则具有内聚作用，因此物体显得小。室内不同家具、物体的大小和整个室内空间的色彩处理有密切的关系，可以利用色彩来改变物体的尺度、体积和空间感，使室内各部分之间关系更为协调。

6.4.2.3 色彩的生理作用

生理学的研究结果证明，色彩对人的视觉生理、内分泌、健康状况、日常行为等都有着不同程度的影响，比如人的肌肉和血液循环在不同色光的照射下会发生变化；色彩能影响到人的食欲和疲劳感；对视网膜发育尚不健全的幼儿来说他们只对纯净的色彩感兴趣；红色能刺激神经系统，加速血液循环，增强肾上腺素的分泌；橙色能产生活力，使人增强食欲，有助于钙的吸收（见图6-4-5），多用于餐厅等场所；绿色有助于消化和镇静，能促进身体平衡，对好动者和受压抑者有好处；蓝色能缓解紧张情绪，缓解头痛、失眠等症状，适用于教室，办公室和治疗室；紫色对运动神经、淋巴系统和心脏系统有抑制作用，适用于产房等；白色对易怒的人有抑制作用，有助于保持血压正常等。

图6-4-3 2010蛇形画廊临时展馆（让努维尔）

图6-4-4 建筑博物馆（伊东丰雄）

图6-4-5 墨西哥雀巢集团大厦

在设计时要考虑到色彩的生理效应，真正做到以人为本。关于色彩的生理效应主要有以下几种特点：

（1）色彩常性。物体由于光照才可以在视网膜上成像，人们对物体的感知会随着照度和光线的变化而变化；但是日常生活中，人们一般可以正确地反映事物本身固有的颜色而不受照明条件的影响。物体的颜色看起来是相对恒定的。比如黑色的煤在烈日照射下仍然被看成是黑色，白纸即使在阴影中也能辨认出是白色。

（2）疲劳感。色彩的彩度越高，对人的刺激越大，也就越容易使人产生疲劳。一般暖色系的色彩比冷色系的色彩给人的疲劳感强，当明度差和彩度差较大或多种色相混在一起时，也容易使人产生疲劳。故在室内色彩设计中，色相不宜过多，彩度不易过高。

（3）色错觉。当视觉在长时间受到某种光线直射和反射后，会使视觉产生与原色相补色的色知觉，这是由于生理上的视觉机能和心理的逆反效应受生理的视觉机能制约产生的结果。

人们对色彩的反映既有心理层面的也有生理层面的；既有普遍性也有特殊性；既有共性也有个性；既有必然性也有偶然性；有些是经验和规律，也有些未被科学所证实。所以设计时应根据具体情况具体分析，决不能随心所欲。

6.4.3 室内色彩的要求和原则

6.4.3.1 室内色彩的要求

在进行室内色彩设计时，应首先了解和色彩有密切联系的以下问题。

（1）空间的使用目的。不同的使用目的，如会议室、病房、起居室，显然在考虑色彩的要求、性格的体现、气氛的形成各不相同。

（2）空间的大小、形式。色彩可以按不同空间大小、形式来进一步强调或削弱。

（3）空间的方位。不同方位在自然光线作用下的色彩是不同的，冷暖感也有差别，因此，可利用色彩来进行调整。

（4）使用空间的人的类别。老人、小孩、男、女，对色彩的要求有很大的区别，色彩应适合居住者的爱好。

（5）使用者在空间内的活动及使用时间的长短。学习的教室，工业生产车间，不同的活动与工作内容，要求不同的视线条件，才能提高效率、安全和达到舒适的目的。长时间使用的房间的色彩对视觉的作用，应比短时间使用的房间强得多。色彩的色相、彩度对比等的考虑也存在着差别，对长时间活动的空间，主要应考虑不产生视觉疲劳。

（6）该空间所处的周围情况。色彩和环境有密切联系，尤其在室内，色彩的反射可以影响其他颜色。同时，不同的环境，通过室外的自然景物也能反射到室内来，色彩还应与周围环境取得协调。

（7）使用者对于色彩的偏爱。一般说来，在符合原则的前提下，应该合理地满足不同使用者的爱好和个性，才能符合使用者心理要求。

在符合色彩的功能要求原则下，可以充分发挥色彩在构图中的作用。

6.4.3.2 室内色彩的原则

室内色彩的设计要遵循一些基本的原则，这些原则可以使色彩更好地服务于整体的空间设计，从而达到最好的境界。

（1）整体统一的规律。在室内环境中，各种色彩相互作用于空间中，和谐与对比是最根本的关系，恰如其分地处理这种关系是创造室内空间气氛的关键。色彩的协调意味着色彩三要素明度、色相和彩度之间的靠近，从而产生一种统一感，但要避免过于平淡、沉闷与单调（见图6-4-6）。色彩的对比包括冷暖对比、明暗对比、纯度对比，色彩的和谐应表现为对比中的和谐、对比中的衬托（见图6-4-7）。缤纷的色彩可以丰富室内空间，但要处理好色彩间的协调与对比关系，才能使室内色彩更富有意境和气氛。运用色彩的呼应关系，就是使色彩与色彩之间保持有机的、内在的联系，使色彩避免孤立存在，尽可能让色彩之间保持局部或整体关系上的呼应，达到调和的搭配效果。运用色彩的层次感及渐变手法，可使人产生对色彩调和关系的视觉印象。

（2）人对色彩的感情规律。不同的色彩会给人的心理带来不同的感觉，所以在确定室内空间的色彩时，要考虑人们的感情色彩。例如，若非刻意追求，房间大面积运用黑色，人们在感情上恐怕难以接受。如具有稳定感的色系适合老年人身心健康；对比较大的色系适合青年人；纯度较高的浅蓝、浅粉色系适合儿童等。

图 6-4-6 酒店走廊采用和谐的色彩

图 6-4-7 KTV色彩的和谐与对比

图 6-4-8 脑健康研究中心（盖里）

（3）满足空间功能需求。色彩的设计要随室内空间不同的使用功能而作相应变化。可以利用色彩的明暗来创造气氛，如使用高明度的色彩可获得光彩夺目的空间气氛；使用纯度高的色彩可获得欢快、活泼的空间氛围；居室的色彩多使用纯度较低的各种灰色，可以获得安静、柔和、舒适的空间效果（见图6-4-8）。

（4）符合空间构图需要。室内色彩配置必须符合空间构图的需要，正确处理协调与对比、统一与变化、主体与背景的关系。进行色彩设计时，首先要定好空间色彩的主色调，主色调在室内气氛中起主导、烘托的作用。形成室内色彩主色调的因素主要有色彩的明度、纯度和对比度，要处理好统一与变化的关系，在统一的基础上求变化，才会取得良好的效果。大面积色块不宜采用过分鲜艳的色彩，小面积色块可适当提高色彩的明度和纯度。此外，室内色彩设计要体现稳定感、韵律感和节奏

感。为了达到空间色彩的稳定感，常采用上轻下重的色彩处理方法。室内色彩的起伏变化，应形成一定的韵律和节奏感，注重色彩的规律性，否则就会使空间变得杂乱无章（见图6-4-9）。

6.4.4 室内色彩的设计方法

室内色彩设计的方法并没有固定的程式，每个人都有自己习惯的方法，而且即使同一个人对于不同的室内设计也会采用不同的方法。但是为便于学习和掌握室内色彩的设计途径，这里介绍一下一般的方法。

6.4.4.1 确定色调

确定色调首先要了解建筑的性质和具体室内的机能，也就要了解这一建筑是做什么用的；其次就是了解室内的主人对于房间的特殊要求，也就是强调什么个性。在

此基础上，用语言的概念确定室内的气氛，如庄重、活泼、平易、亲切、柔和、温暖、清雅、富丽、轻快、宁静、朴实、清新、粗犷、宏伟等，然后确定合适的色调（见图6-4-10和图6-4-11）。

在具体确定色调的时候，首先要确定明度调子，即高明度还是低明度或者是中间明度调子；其次是冷暖的推敲，即冷色系调子还是暖色系调子，或者是中间系调子，当这些问题都思考了之后，最后来敲定具体色调方案，可用不同面积的色块表示。

6.4.4.2 具体设色

当色彩调子和具体色块关系确定后，就可进入具体设色方案阶段了，可先在草图上做初步设计。其过程是：第一，先设计地面颜色，一般情况下地面明度和彩度都是较低的，它的颜色确定后，可以作为定调的标准；第二，天棚的颜色，一般来说，天棚的颜色宜高明度，与地面形成对比关系；第三，墙面颜色，一般来说它是对天棚和地面色彩起过渡作用的，常常采用中间的灰色调，同时还要考虑它对家具色彩的衬托作用；第四是家具的色彩设计，它的色彩无论是在明度还是彩度或色相上都可以做适当的对比；最后是室内陈设品的色彩处理，它的色调一般可以对比性强一些，在室内色彩中往往起画龙点睛的作用。

当这个过程初步完成后，再从整体色调着眼，回到最初的色彩系列的色块面积关系上去，看看是否合乎要求，若不合乎要求或有出入时，可加以调整和修改，往往要反复地进行多次才能最后确定下来。

图6-4-9 样板间色彩的处理

图6-4-10 清雅色调的居住空间

图6-4-11 庄重色调的居住空间

6.4.4.3　色彩制图

根据最终草图进行正式色彩制图，要求颜色要准确，同时，要进一步推敲各部位间的色度关系。最后，再根据色彩图纸要求，画施工色样，作为选择材料的依据。这种图可以画成仿真图样以便于选择材料。

6.5　室内家具设计

家具的设计、选择和布置方式，对于室内设计的优劣具有举足轻重的作用，它是现代室内设计重要的有机构成部分，在全部室内设计诸要素中，家具占有相当大的比重，可以说它是"唱主角"的。

6.5.1　家具的作用

家具与人的生活息息相关，可以说人的生活离不开家具。从建筑和空间的角度看，家具是室内空间和使用者之间一种特殊的转换元素。

家具和建筑一样受到各种文艺思潮和流派的影响，家具既是实用品又是工艺美术品。纵观建筑设计发展史，不同风格的建筑设计就有相应风格的家具与之匹配（见图6-5-1）。利用家具的语言，如纹样的选择、构件的曲直变化、线条的运用、尺寸的改变、造型的壮实或纤细、装饰的繁复或简练，可以表达一种思想、一种风格、一种情调，形成一定氛围，适应特定的要求和目的。

6.5.1.1　组织空间

对于任何一种建筑空间，其平面形式都是多种多样的，功能分区当然也是多种多样的。用地面的变化、楼梯的变换以及天棚的变化去组织空间必定是有限的，所以用家具来组织空间就成为一种必不可少的手段（见图6-5-2）。摆放不同形式的家具使空间既有分割，又有联系，在使用功能和视觉感受上形成有秩序的空间形式。

6.5.1.2　舒适尺度

家具设计的出发点之一就是要考虑人体的舒适和方便程度。尺度合适、安全牢固、触觉宜人、美观亲切的家具造型是选择家具的必要条件。

6.5.1.3　储放物品

储放物品是家具的主要功能之一，家庭生活不仅需要而且必须有充足的储藏空间。

6.5.1.4　丰富空间

家具在视觉上很大程度地丰富了空间，因为有很多家具既不是人体家具，也不是储物家具，而是一种观赏家具，它可以使空间富有变化，增加空间的凝聚力和人情味（见图6-5-3）。

6.5.1.5　表达风格

不同的建筑历史风格都对应着一整套的家具设计风格，家具在历史和文化的传承方面扮演着极其重要的角色。用不同风格的家具来点缀室内环境，是体现设计风格和环境气氛的最好方法之一。

6.5.2 家具的种类

通常情况下，家具在室内要占有 1/3 左右的面积，在较小的房间里甚至可达 2/3 左右。因此，可以毫不夸张地说，家具对于室内设计具有决定性的影响。家具种类较多，通常按构成分类和材料分类。

6.5.2.1 按构成分类

（1）单体式家具，指功能明确、形式单一的独立家具。绝大部分的桌、椅都为单体式家具。

（2）组合式家具又称部件式家具，包括单体组合式和部件组合式两种。单体组合式采用尺寸或模数相通的家具单体相互组合而成。进行组合的单体家具既可以是使用功能相同的，如组合柜、组合沙发等，也可将不同功能类型的家具组合成多功能家具。组合式家具品种多样，搬动方便，组织灵活，适应性强，同时利于大量生产，降低成本。

6.5.2.2 按材料分类

材料是构成家具的物质基础，家具用材是指一件家具的主要用材，主材除了木材、竹藤、金属、塑料等常用材料外，还有玻璃、石材、陶瓷、皮革、织物以及合成纸类等。

（1）木质家具。木质家具是指直接使用木材或木材的再加工制品（木夹板、纤维板、刨花板等）制成。木材具有天然纹理及色泽，重量轻且强度大，容易加工和涂饰，导热系数小，弹性、手感、触感均良好等优点，

图 6-5-1 巴洛克风格的家具

图 6-5-2 著汤温泉度假村客房

图 6-5-3 Decos 集团总部

图 6-5-4 芽庄 LAM 咖啡厅

图 6-5-5 藤质家具

图 6-5-6 普天投资会议室

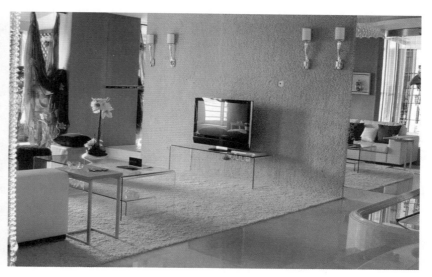

图 6-5-7 钢化玻璃家具

是家具用材中沿用最久、使用最广泛的材料（见图 6-5-4）。木制家具的造型丰富、纹理清晰、色泽纯正，有一定的弹性和透气性，特别适合于模仿古典家具或设计成有雕刻等工艺的高档家具。

（2）竹藤家具。竹藤质地坚韧、硬度高，富有弹性、韧性，其色泽素雅、轻巧优美，曲线造型和透气性都非常适合于人体，其表面一般不会做过多修饰，以保持其自然的色彩和质地，适于体现浓郁的自然及乡土气息，是极具休闲感的一种家具（见图 6-5-5）。

（3）金属家具。与其他各种家具相比强度最好，弹性和造型能力也最强，金属的表面可以处理成各种各样的颜色和质感。金属家具材料也有多种，如不锈钢、铜、

铝合金、方钢、扁铁和钢管等。金属家具一般不全部采用金属制作，通常与木材、玻璃、帆布、皮革和塑胶等配合使用（见图 6-5-6）。

（4）塑胶家具。目前塑胶家具的主要材料由聚乙烯、改性塑胶、亚克力树脂、塑胶泡棉等组成，它具有高强、轻质、耐水、不变形的特点，一般用模具制作成型。

（5）玻璃家具。玻璃家具包括全玻璃和大量采用玻璃为部件的家具，通常采用钢化、热弯等工艺加工成型，具有透明和光洁的特点，常与金属搭配使用，具有强烈的工业气息和现代感（见图 6-5-7）。

（6）石材家具。它是用各种天然石材和人造石材制

作的家具。餐桌、茶几的表面用石材制作不仅耐磨、光亮而且花纹也很漂亮，椅子的坐垫或靠背也有局部使用石材的，夏天坐起来会感到特别凉爽。

（7）皮革、织物家具。此类家具主要是软体家具，如沙发、坐垫和椅子等。特点是柔软、温暖、亲切，并带来极大舒适感，多用于与人体直接接触的部位。

6.5.2.3 按用途分类

按照家具与人体的关系和使用特点可分为以下四类：

（1）坐卧类。椅、凳、沙发、床等，这类家具支撑整个人体。

（2）凭倚类。人体赖以进行操作的书桌、餐桌、柜台、几案和作业台面等。

（3）储存类。作为存放物品用的衣柜、书架、搁板和工艺品架等。

（4）分隔类。起到划分空间的隔断、屏风等。

6.5.2.4 按装修施工的角度分类

有些家具需要在装修施工期间依据空间的位置和尺寸现场制作，而家具厂商也不可能专为一、两件家具单独加工生产，所以从装修施工的角度可以把家具分成两类。

（1）固定式家具。这类家具需要室内设计师根据现场的实际情况和个性风格专门设计，如酒吧台、玄关、橱柜、壁柜等；还有一些在空间主要起分隔作用的家具，如博古架、展柜等。由于这类家具是"量身定做"的，所以搬家时无法带走或再度使用。

（2）活动式家具。由家具厂商生产的家具绝大部分都是活动的。

6.5.3 家具的选择

家具的选择没有统一固定的标准，它受特定的室内空间条件和环境气氛等条件所制约。

6.5.3.1 空间意境

空间意境决定了选择家具的风格。如朴素、典雅的室内气氛就要求家具的造型多用直线型，形体变化不宜过多，色调宜沉稳而含蓄；华丽、轻快而活泼的室内气氛则要求家具的造型要多用流线型，形体要丰富多变，色彩要单纯而鲜明，具有一定的对比效果（见图6-5-8）。总之，不同意境的室内环境气氛要求不同形态的家具。

6.5.3.2 空间尺度

选择家具时还应考虑到室内空间的尺度关系，使家具与室内环境设计浑然一体。例如在较小尺度空间中的选择家具的尺寸上就应尽量小一些，以便于布置和摆放；若选择尺度过大家具，不仅摆放不下，还会使室内空间拥挤而显得更加狭小。相反，若室内空间很大时，为了使家具与之相协调，在选择家具时则要求尺度略大于一般尺度，这样才能使之协调一致。

6.5.3.3 通用性

现代设计中，十分重视对人的心理现象和新观念的研究，那种传统式的静态陈设观念已经被现代的动态陈设观念所代替。所以人们对家具布置要求有多种布置的可能，以达到"常换常新"的目的。这样，就要求选择家具形式的时候具有一定的通用性。第一，要求造型简洁、大方，适于多种组合又不影响实用机能；第二，要求搬运方便，不要过于笨重（见图6-5-9）。

6.5.3.4 便于清洁

家具的造型必须考虑便于清洁的问题，尤其是在大型公共建设中显得特别重要。因为越是公共空间家具就越多，在当前精减人员强调效能的情况下，应当尽量减少清洁和维护等管理上人员的投入，因此在选择家具时不要选那些体型复杂、装饰繁琐的造型。

6.5.3.5 安全性

家具是经常与人们接近的，人们在室内活动中与它接触机会是最多的，可以说衣、食、住、行一刻也离不开它，所以就要求家具首先使人有亲切感，这种感觉是从两方面形成的：一是家具造型的作用，一般来说曲线型的家具易产生轻快、平易和舒适的感觉，而直线则有相反的效果；二是家具的线角处理应注意圆润、光滑，尤其是老年人和儿童用房的家具就更应当考虑到这一点。其次就是家具的牢固性要认真选择，主要是要求家具的结构受力系统要合理，节点的设计和施工要精细、坚固。另外家具的防火要求也被提到日程上了，在选择家具时也必须参照建筑的防火等级等要求，切不可单纯从样式出发。

6.5.4 家具的布置

家具的布置应结合空间的性质和特点，确立合理的家具类型和数量，根据家具的单一性或多样性，明确家具布置范围，达到功能分区合理。组织好空间活动和交通路线，使动、静分区分明，分清主体家具和从属家具，使其相互配合，主次分明。安排组织好空间的形式、形状和家具的组、团、排的方式，达到整体和谐的效果，在此基础上进一步，应该从布置格局、风格等方面考虑。从空间形象和空间景观出发，使家具布置具有规律性、秩序性、韵律性和表现性，获得良好的视觉效果和心理效应。

6.5.4.1 家具的布置形式

家具在室内空间中的位置通常可分为：

（1）周边式。家具沿四周墙布置，留出中间空间位置，空间相对集中，易于组织交通，为举行其他活动提供较大的面积，便于布置中心陈设。

（2）单边式。将家具集中在一侧，留出另一侧空间（常成为走道）。工作区和交通区截然分开，功能分区明确，干扰小，交通成为线形，当交通线布置在房间的短边时，交通面积最为节约（见图6-5-10）。

（3）环岛式。将家具布置在室内中心部位，留出周边空间，强调家具的中心地位，显示其重要性和独立性，保证周边的交通活动，使中心区不受干扰和影响（见图6-5-11）。

（4）走道式。将家具布置在室内两侧，中间留出走道。节约交通面积，但交通对两边都有干扰，一般客房活动人数少，适于这样布置（见图6-5-12）。

图6-5-8　鲜艳的红色沙发迎合了空间氛围

图6-5-9　新加坡壁山公共图书馆

图6-5-10　香箱乡祈福村主题精品酒店

图6-5-11　列支敦斯议会会议厅

图6-5-12　脑健康研究中心（盖里）

6.5.4.2 家具与墙面的关系

室内设计中，家具布置与墙面的关系，大致可分为以下几种。

（1）靠墙布置。充分利用墙面，使室内留出更多的空间。

（2）垂直于墙面布置。考虑采光方向与工作面的关系，起到分隔空间的作用。

（3）临空布置。用于较大的空间，形成空间中的空间。

6.5.4.3 家具的布置格局

室内设计中，家具布置格局通常可分为以下几种。

（1）对称式。显得庄重、严肃、稳定而静穆，适合于隆重、正规的场合。

（2）非对称式。显得活泼、自由、流动而活跃，适合于轻松、非正规的场合。

（3）集中式。常适合于功能比较单一、家具品类不多、房间面积较小的场合，组成单一的家具组。

6.6 室内陈设和绿化设计

室内陈设或称摆设，是继家具之后的又一室内重要内容。陈设品的范围非常广泛，内容极其丰富，形式也多种多样，随着时代的发展而不断变化，始终是以表达一定的思想内涵和精神文化为着眼点，并起着其他物质功能所无法代替的作用。

6.6.1 陈设的分类

6.6.1.1 功能性陈设

首先应具有一定实用价值，同时又可能有一定观赏性或装饰作用的陈设品，包括家具、灯具、餐具、电器、文体用品等。

6.6.1.2 装饰性陈设

无特定实用功能，主要为了创造气氛、体现风格、加强空间含义等精神功能而纯粹用作观赏、品味的陈列品（见图 6-6-1），如工艺品、书法、绘画作品、植物、纪念品以及其他收藏嗜好品等。

6.6.2 陈设的作用

在室内环境中陈设品的使用具有很大的灵活性，既有特定的使用功能，包括组织空间、分隔空间、填补和充实空间，还有烘托环境气氛、营造和增加室内环境感染力，强化环境风格等装饰作用，以及体现历史文化传统、地方特色、民族风格、个人品位等精神内涵。

6.6.3 陈设的选择及布置原则

现代技术的发展和人们审美水平的提高，为室内陈设创造了十分有利的条件。室内陈设品的选择和布置，

主要是处理好陈设和家具之间的关系，陈设和陈设之间
的关系，以及家具、陈设和空间界面之间的关系。由于
家具在室内常占有重要位置和相当大的体量，因此，一
般说来，陈设围绕家具布置已成为一条普遍规律。

6.6.3.1 与空间的使用功能相一致

一幅画、一件雕塑、一副对联，它们的线条、色彩，
不仅为了表现本身的题材，也应和空间场所相协调，只
有这样才能反映不同的空间特色，形成独特的环境气氛，
赋予深刻的文化内涵，而不流于华而不实，千篇一律的
境地。如清华大学图书馆运用与建筑外形相同的手法处
理的名人格言墙面装饰，增强了图书阅览空间青春的旋
律，反映了青年的文化学术氛围，并显示了室内外的
统一。

图 6-6-1 印尼大学中央图书馆

6.6.3.2 与室内空间的比例尺度和谐

室内陈设品过大，常使空间显得小而拥挤，过小又
可能使室内空间感觉过于空旷，局部的陈设也是如此，
例如沙发上的靠垫做得过大，使沙发显得很小，而过小
则又如玩具一样很不相称。陈设品的形状、形式、线条
更应与家具和室内装修取得密切的配合，运用多样统一
的美学原则达到和谐的效果（见图 6-6-2）。

6.6.3.3 与室内色彩的协调

在色彩上可以采取对比的方式以突出重点，或采取
调和的方式，使家具和陈设之间、陈设和陈设之间，取
得相互呼应、彼此联系的协调效果。

色彩又能起到改变室内气氛、情调的作用。例如，
以无彩系处理的室内色调，偏于冷淡，常利用一簇鲜艳
的花卉，或一对暖色的灯具，使整个室内气氛活跃
起来。

图 6-6-2 与空间尺度和谐的陈设品

6.6.3.4 与室内整体风格统一

陈设品的良好视觉效果，可以与室内整体风格形成
稳定的平衡关系，形成空间的对称或非对称，静态或动
态等不同视觉感受，产生严肃、活泼、活跃、雅静等风
格和气氛（见图 6-6-3）。

图 6-6-3 与室内整体风格统一的陈设品

6.6.4 陈设的方式

6.6.4.1 墙面陈设

墙面陈设一般以平面艺术为主，如书、画、摄影、浅浮雕等；或小型的立体饰物，如壁灯、弓、剑等；也常见将立体陈设品放在壁龛中，如花卉、雕塑等，并配以灯光照明；也可在墙面设置悬挑轻型搁架以存放陈设品（见图6-6-4）。墙面上布置的陈设常和家具发生上下对应关系，可以是正规的，也可以是较为自由活泼的形式。可采取垂直或水平伸展的构图，组成完整的视觉效果。墙面和陈设品之间的大小和比例关系是十分重要的，留出相当的空白墙面，使视觉获得休息的机会（见图6-6-5）。如果是占有整个墙面的壁画，则可视为起到背景装饰艺术的作用了。

6.6.4.2 台（桌）面摆设

桌面摆设包括有不同类型和情况，如办公桌、餐桌、茶几、会议桌以及略低于桌高的靠墙或沿窗布置的储藏柜和组合柜等。桌面摆设一般均选择小巧精致、宜于微观欣赏的材质制品，并可按时即兴灵活更换。桌面上的日用品常与家具配套购置，选用和桌面协调的形状、色彩和质地，常起到画龙点睛的作用（见图6-6-6）。

6.6.4.3 落地陈设

大型的装饰品，如雕塑、瓷瓶、绿植等，常落地布置，布置在大厅中央的常成为视觉的中心，最为引人注目，也可放置在厅室的角隅、墙边或出入口旁、走道尽端等位置，作为重点装饰，或起到视觉上的引导作用和

图6-6-4　餐厅雅间墙面用民族风格的陈设品装饰

图6-6-5　墙面陈设

图6-6-6　桌面陈设

图6-6-7　苏州金玉良缘大酒店餐厅入口处的落地陈设

对景作用。大型落地陈设不应妨碍工作和影响交通流线的通畅（见图6-6-7）。

6.6.4.4 橱柜陈设

数量大、品种多、形色多样的小陈设品，最宜采用分格分层的搁板、博古架，或特制的装饰柜架进行陈列展示，这样可以达到多而不繁、杂而不乱的效果。布置整齐的书橱书架，可以组成色彩丰富的抽象图案效果，起到很好的装饰作用。壁式博古架，应根据展品的特点，在色彩、质地上起到良好的衬托作用（见图6-6-8）。

6.6.4.5 悬挂陈设

空间高大的厅室，常采用悬挂各种装饰品，如织物、绿植、抽象金属雕塑、吊灯等（见图6-6-9和图6-6-10），弥补空间空旷的不足，并有一定的吸声或扩散的效果。居室也常利用角隅悬挂灯具、绿植或其他装饰品，既不占面积又装饰了枯燥的墙边角隅。

6.6.5 室内绿化

室内绿化在我国的发展历史悠远，最早可追溯到新石器时代，从浙江余姚河姆渡新石器文化遗址的发掘中，获得一块刻有盆栽植物花纹的陶块。室内绿化在室内设计中具有不能替代的特殊作用。室内绿化可以柔化室内人工环境，使室内生机勃勃，赏心悦目，在快节奏的生活环境中起到调整人们心理并使之平衡的作用。

图6-6-9 世博会中国石油馆
大厅的悬挂陈设

图6-6-10 商场中厅的悬挂陈设

图6-6-8 沂水东方瑞海酒店
橱柜陈设

（1）绿植所特有的自然形态、色彩、质感以及音响，能够丰富和加强室内环境的表现力、感染力，并为室内带来生机与动感（见图 6-6-11）。

（2）富于变化的轮廓，有别于规整、几何的人工形态，能够柔化空间，可对建筑空间的生硬、冷漠感加以缓解，带来自然、亲切的感受。

（3）能够有效减少空白墙面，充实空旷空间及环境中难以利用的边角，如楼梯下、墙角、窗台等处（见图 6-6-12）。

（4）利用绿植可以形成过渡元素，缓解、改造大体量空间的空旷感，在空间中调整、重塑宜人尺度。

（5）净化空气，调节室内温湿度，改善小气候。

（6）限定、组织、分隔空间，利用树墙、绿篱、山石、水池等对空间形成二次划分，且外观自然富于变化。

（7）空间提示与导向。通过暗示路线、创造对景等方式诱人前行，也能通过局部的重点强化使人驻足停留。

6.6.6 室内植物的选配

6.6.6.1 植物色彩

（1）室内绿化的色彩特点。植物的色彩是通过树叶、花朵、果实、枝条以及树皮等来呈现的。树叶在其中占有很大的比例，其主要色彩是绿色，所以植物的色彩总体上以绿为主。不同时令的树叶、花朵和树干虽然含有丰富的色彩，但一般只能起到充实丰富的作用。

季相性则是室内绿化的另一个色彩特点。除了常绿植物之外，很多植物的树叶和花朵会在某一季节中显现出特殊的色彩，给人以强烈的时令感。

（2）植物色彩的运用基本上可以归纳为：以中间绿色为主、其他色调为辅的原则。应讲究节制，宁少勿滥，宁雅勿俗。

6.6.6.2 种植形式

室内设计绿化中，单株盆栽植物的树冠形状一般可以分为垂直形、水平形、下垂形、圆形和特殊形五种。

树桩盆景中的植物枝干形状变化较多，直干形的有雄健之感；斜干形的有动态之美；偃卧形的有奇突之味；下伸形的有苍劲之势；曲干形的有蜿蜒之态；发散形的有飘逸之姿。

还有一些插花形式，它的整体形状基本上可分为：对称形，有端庄、稳重、整齐之感；不对称形，端庄中有活泼之感；自由形，不拘一格，更为活泼自由，颇具艺术效果。

6.6.6.3 植物选配尺度

室内绿化的大小变化范围很大，大至数米高的乔木，小至咫尺插花，它们都能给人相应的心理感受。然而，室内绿化的大小并不能任意选定，它们受到诸多因素，特别是比例与尺度的制约。

（1）比例。室内绿化的大小必须与周围环境相协调，以形成良好的比例关系。在高大的空间内，只有选择比较高大的盆栽植物和巨型盆景，才会形成恰当的比例关系；在矮小的居室内，只有选用较小的盆栽植物和普通盆景，才能形成正常的空间感，否则就会增加拥塞之感（见图 6-6-13）。

（2）尺度。尺度较大的绿色植物，易形成森林感、惊吓感。尺度较小的绿色植物，易形成开敞感（见图 6-6-14）。

图 6-6-11　绿植为室内带来生机与动感

图 6-6-12　绿植丰富室内空间

图 6-6-13　楼梯转角的盆栽

图 6-6-14　大尺度的盆栽

6.6.7　室内绿化的布置方式

室内绿化的布置在不同的场所，如酒店宾馆的门厅、大堂、中庭、休息厅、会议室、办公室、餐厅以及住户的居室等，均有不同的要求，应根据不同的任务、目的和作用，采取不同的布置方式，随着空间位置的不同，绿化的作用和地位也随之变化，绿植常见摆放位置如下所述。

（1）处于重要地位的中心位置，如大厅中央。

（2）处于较为主要的关键部位，如出入口处。

（3）处于一般的边角地带，如墙边角隅（见图6-6-15）。

应根据不同部位，选好相应的植物品种。但室内绿化通常总是利用室内剩余空间，或不影响交通的墙边、角隅，并利用悬、吊、壁龛、壁架等方式充分利用空间，尽量少占室内使用面积。同时，某些攀缘、藤萝等植物又宜于垂悬以充分展现其风姿。因此，室内绿化的布置，应从平面和垂直两方面进行考虑，使空间形成立体的绿色环境。

6.6.7.1　重点装饰与边角点缀

把室内绿化作为主要陈设并成为视觉中心，以其形、色的特有魅力来吸引人们，是许多厅室常采用的一种布置方式，它可以布置在厅室的中央；也可以布置在室内主立面，如某些会场中央、主席台的前后以及圆桌会议的中心、客厅中心；或设在走道尽端中央等，成为视觉焦点。边角点缀的布置方式更为多样（见图6-6-16和图6-6-17）。

图 6-6-15　某办公空间墙边绿化

图 6-6-17　绿化作为空间的重点装饰

图 6-6-18　绿化与空间材料形成的对比

图 6-6-16　某办公空间边角绿化

图 6-6-19　东京帝国饭店

图 6-6-20　靠窗布置的绿化

6.6.7.2　结合家具、陈设等布置绿化

室内绿化除了单独落地布置外，还可与家具、陈设、灯具等室内物件结合布置，相得益彰，组成有机整体。

6.6.7.3　组成背景、形成对比

绿化的另一作用，就是通过其独特的形、色、质，不论是绿叶或鲜花，不论是铺地或是屏障，集中布置成片的背景（见图 6-6-18）。

6.6.7.4　垂直绿化

垂直绿化通常采用天棚上悬吊方式，或利用靠室内顶部设置吊柜、搁板布置绿化。也可利用每层回廊栏板布置绿化等，这样可以充分利用空间，不占地面，并造成绿色立体环境，增加绿化的体量和氛围，并通过成片垂下的枝叶组成似隔非隔，虚无缥缈的美妙情景（见图 6-6-19）。

6.6.7.5 沿窗布置绿化

靠窗布置绿化，能使植物接受更多的日照，并形成室内绿色景观。也可以作成花槽或低台上置小型盆栽等（见图 6－6－20）。

本 章 小 结

本章对室内设计相关要素，如室内空间设计、界面材质的选用、色彩设计、光环境设计、家具选择与布置、陈设与绿化设计等内容进行了讲解，主要通过优秀作品及最新案例展示，图文并茂的对室内设计中相关要素的联系进行介绍。目的使读者能深入浅出的了解室内设计，知晓室内设计所要达到的目标，从而在实践中创新性运用室内设计各要素，达到学以致用的目的。

复 习 思 考 题

1. 常见的室内空间类型有哪几种？

2. 界面材料的选择有什么要求？

3. 怎样正确地运用不同材质来增强室内设计的表现力？

4. 灯具选择的原则有哪些？

5. 根据灯具的选择和布置，完成一个宾馆空间的照明设计。

6. 室内色彩的设计原则是什么？

7. 试说明室内色彩的设计步骤。

8. 家具的布置对室内环境有什么影响？

9. 室内陈设品的选择应注意哪些原则？陈设的形式有什么？

10. 室内绿化的布置方式是什么？

第7章　室内设计的评价原则

【本章概述】

本章重点讲述了室内设计的评价原则。通过室内设计评价概念的引出，介绍了策划、使用后评价的方法；重点阐述室内设计评价原则、标准。现代室内环境设计正朝着更规范、更系统、更科学的方向发展。本章探讨的室内设计的价值观念及评判标准，将促使其成为一个独特的、相对独立的体系。

【学习重点】

1. 什么是室内设计评价。
2. 室内设计评价原则。
3. 室内设计评价标准。

7.1　什么是室内设计评价

J. 约狄克（J·Joedicke）在《建筑设计方法论》中这样定义"评价"：评价是指为一定目的而对某个事物作出好坏的判断。

室内设计评价是基于一定的评价标准和原则对室内设计作品作出的价值判断，是室内设计工作的重要组成部分。室内设计评价不仅是设计师学习积累的重要手段，而且可以活跃设计师的设计思想，透过实践丰富设计理论，并对设计学科和行业的发展起到积极的作用。建立和探讨室内设计评价的标准、原则及方法，将促使其形成相对独立的评价体系，促进室内设计的发展。

室内设计评价分两种情况，一种情况是策划的阶段性评价，在设计过程的不同阶段都会展开。如在方案的平面布局设计阶段，就会对多种布局构思进行分析评价，其目的是为了优化出更佳的阶段性成果。这类评价着眼点是根据设计工作的实际需要而产生，可能会强调某一方面的价值而对方案有所取舍；另一种情况是对设计作品使用后进行的评价，这需要从多个角度对作品进行衡量判断，分析其优劣之处，得出客观的结论。这种评价工作无论其评价客体是自己或是他人的作品，都能够为设计师带来启发和借鉴，为将来的设计工作积累经验，从而提高设计者的实践水平和创作水平。

7.1.1　策划阶段的评价方法

室内设计策划阶段的评价在设计过程中的各个阶段产生，如对设计准备阶段策划的评价以及对设计程序中策划的评价。

7.1.1.1　策划

在室内环境设计领域，对于策划的解释应为主意、计划、直觉、想象等观念的总和。在策划活动中所表现出来的思维特征同一般的思维活动有所不同，它总是带有各个门类艺术独具的专业特点。

1. 准备阶段策划的评价

室内设计的主题策划是在设计师接收到任务后，对设计条件的了解、分析、归类、调研以及初步的综合考虑，这个阶段是策划的准备阶段。然后对设计情境的价值判断，它包括设计基调的确定，创作倾向的选择以及对问题实质的把握。定调和取向是策划主体对整个设计的宏观把握。

这种把握，在很大程度上决定了设计发展的方向，而问题的实质把握又为设计师的构思打开突破口或提供契机。诚如约翰·波特曼（John Portman）所说："设计师如果能分析和理解问题的实质，你就能找出最适当的解决办法。"正是在这种重新赋值的"判定"中，设计者看到了解决问题的契机，即着手设计及实施。

2. 设计程序中策划的评价

在室内环境设计程序中，首要工作是市场调研、资讯收集，再从资料及情报的收集及整理分析后，从事策划的开发工作。这种类型的策划往往采用的方法包括灵感、集体想象、逆向思维法、模仿法、问题开发法、网格法等方法，通过这些方法的组合，可为设计师提供成千上万个方案，设计师要根据这些策划是否满足任务的基本功能、人文环境、空间条件等而进行评判，找出最适合条件的方案完成设计。

7.1.1.2　策划的评价标准

策划经创意、选择和精炼化后要有一个总评，进行总评不应只是设计师的事，更应邀请各主管部门（经营部、预算部、材料部、施工部等）积极参与。设计师要列举出策划特征，供各部门主管讨论、评比，其评价的标准主要有：

（1）策划是否是独创的策划，其竞争亮点在哪里。

（2）策划是否符合业主、使用者和有关人员的意念。

（3）策划具有多少经济价值和社会价值。

（4）实施策划所需的时间、投资和技术装备条件。

（5）是否具备业主（甲方）成功的可能性。

（6）策划是否符合室内环境设计理念之发展主流。

7.1.2　室内的使用后评价方法

使用后评价（Post Occupancy Evaluation，简称POE）是指对建筑物及其环境在建成并使用一段时间后进行的一套系统的评价程序和方法。检验建筑的实际使用是否达到预期的设想，需要考察的参数包括建筑的功能、物理性能、生理性能、环境效益、社会效益以及使用者的心理感受等，评价的结果作为信息反馈可以对未来的建筑设计产生有益的影响。建筑性能的优、缺点都将作为评价的内容，而这一工作能够通过提高建筑质量和投资效益使业主或建筑的使用者受益。

把建筑的使用后评价方法引入到室内环境当中，是室内设计评价的重要环节，可以为室内设计评价提供可靠的客观依据。室内的使用后评价是一种综合性的价值评价，这种价值评价是建立在满足室内环境的各种需要基础之上。对已完成室内作品的评价所要考虑的价值因素是多方面的，评价方法也有所不同，它主要包括室内设计的功能价值评价、形式价值评价、生态价值和创新价值四个方面的评价。这四个方面又包含了多个因素，如形式方面就包括有色彩、造型、光影等因素。因此，需要从整体出发，然后对不同因素分别加以考察，最后再汇总成总体性的评价。

7.1.2.1　对室内设计的功能价值评价

室内设计的功能价值评价由多个方面组成，一般可以分为空间布局的合理性、使用上的便利性与安全性、室内物理环境的舒适性等。

1. 空间布局的合理性

在室内设计中，设计师会根据项目的使用要求，对建筑空间进行进一步的划分和规划，为满足功能需求提供良好的空间环境。设计师需要处理好空间的形态、空间的组织、比例与尺度、家具与设备的安排等因素，我们可以从这些因素着手，分析一件设计作品的空间布局是否具有合理性。

在空间的组织上，需要判断空间区域的分布是否充分考虑人们活动的行为特征，有无出现功能安排上逻辑混乱的现象，不同区域是否能有机联系同时又不会相互干扰。

流线处理，是室内空间组织的重要环节。流线在水平维度和垂直维度连接不同区域，直接影响到人们的生活和工作效率。在评价过程中，需通过深入地观察和分析，判断各种垂直流线和水平流线是否满足了区域之间有效联系、方向指引、人员分流等多方面的需要。

在空间尺度比例的规划上，应考察其是否满足使用需要，空间利用是否合理有效。这需要结合人体工程学和环境心理学等专业知识，衡量空间范围与人们不同行为和心理需要之间的关系。根据不同空间的性质和使用要求，形成相对应的标准，最后做出合理性的判断。

2. 使用上的便利性与安全性

室内设计需要始终关注使用者在室内空间中的生活、工作、学习、娱乐等方面的使用需求，满足使用者的使用需求，并达到使用上的便利性，这成为评价室内设计的重要因素。室内空间在使用上的便利性，主要体现在是否根据空间用途拥有完善的配套设施、使用上的方便程度如何、各种家具设备是否能够符合人体工程学的要求等方面。

在安全性评价时，需要考察建筑结构的安全性，室内设施的放置是否满足建筑的承重要求，空间、通道和楼梯的安排是否满足疏散要求，布局和用材及电器布线是否符合消防规范，顶墙面各种装修结构装修造型是否牢固，装修材料的使用是否符合防火和其他安全要求等。

3. 室内物理环境的舒适性

室内物理环境的舒适性，无论对于居住者还是房屋的管理者都是极为重要的。以办公空间为例，若室内环境很舒适，其工作人员很满意，工作效率就高，对企业管理方面也会带来无形的利益；若室内环境不舒适，就留不住员工，或者勉强留下来，工作效率也不会高，对工作人员与管理者都是不利的。所以近年来室内环境的舒适性，越来越受到重视。室内物理环境的舒适性评价主要针对室内温湿度、噪音指数、照明度和空气质量等几个方面。

在许多国家和地区，相关的研究机构和行业组织都对不同功能室内空间的温湿度、噪音指数、照明度和空气质量等制订了较为明确的标准，我们可以根据这些标准，结合实际情况简明地加以判断，以获得室内物理环境舒适性的评价结论。

在室内设计各个功能价值评价中都可以采用比较分析的方法，将评价的对象与其他相关设计作品进行比较，如空间组织是否更加灵活、流线规划是否更加巧妙、使用的便利性和安全性程度是否更高等，以更加客观地反映出作品的设计水平。同时，广泛地了解人们在空间使用过程中的感受和意见，也是获得中肯评价的重要渠道。

7.1.2.2 对室内设计的形式价值评价

形式处理是室内设计艺术性特征的体现，是体现室内设计水准的重要方面。室内设计形式评价一般从两个角度出发，一方面考察空间中各种形态、色彩、材质和光影等形式元素，通过其彼此间的作用所形成的空间视觉形象，来判断空间的美学品质。如各元素是否符合各自形式美的基本法则和规律、其整体构成是和谐有序还是杂乱无章、其形式特征是鲜明突出还是平淡无奇等；另一方面则从视知觉的角度出发，考察各种形式处理是否恰如其分地体现出与室内功能特征相符的审美特质。建立在心理学基础上的视知觉研究表明，各种形式的组织有着复杂的情感隐喻和心理暗示。因此，室内空间的形式语言是否能表达出某种特定的设计意图，是否通过针对性的处理，使人们产生某种情感或认知上的共鸣，从而形成对空间功能特征的有效支持等，这些都成为室内设计形式评价的重要方面。

室内设计形式评价在方法上侧重于主观评价，与评价者自身的艺术修养和审美取向有着密切关系，因此评价结论往往有较大的不确定性和差异性。审美标准的模糊性和多元化，也使这一工作在操作上较为困难和复杂。这就需要评价者一方面总结出更具普遍意义的评价体系，同时需要考虑到不同设计作品在民族、时代、地域等方面的差异性，并在具体分析中加以体现；另一方面在评价中也可多采用一些对比分析的方法，将评价客体与一些公认的优秀作品进行比较，以获得更加客观的判断。

7.1.2.3 对室内设计的生态价值评价

随着人们生态观念的不断加强，室内设计的生态价值也越来越受到重视，也逐渐成为设计工作的重要内容。设计师往往需要从环境、技术、材料等各个角度出发，针对室内项目从建造到使用过程中的节能、环保等各种问题，提出一系列的综合解决方案。在创造一个健康宜人的室内环境的同时，尽可能地达到降低污染、减少能耗和保护环境的目的。因此，室内设计的生态价值也成为衡量设计的重要因素。

室内设计的生态价值评价可以从经济节约、能源消耗控制、污染与材料处理以及建造、运行和维护的系统规划这几个方面展开。在方法上可以根据相应的标准和规范，结合实际的统计数据，进行定量分析和比较分析，以获得生态价值的客观判断。

1. 经济节约

室内设计应该贯彻可持续发展的思想，在保障设计品质的同时，提高各种资源的利用率，以较少的投入争取最好的效益，从而达到经济实用的目的。而一件室内作品在经济节约方面的构思、在性价比方面的优化程度则成为评价的重要内容，我们可以通过材料使用、造价情况、施工周期等方面的数据比较进行节约效能评价。

2. 能源消耗控制

节能处理是室内设计生态价值评价非常重要的环节。我们应该考察设计是否经过对室内能耗因素的整体规划，通过优化室内设备的系统配置、节能电器的运用、尽可能利用太阳能等可再生能源等手段，来达到节能的目的。

3. 污染与材料处理

污染与材料处理的关系密切。近年来伴随着室内装修的高潮，由于装修材料的大量使用，散发高浓度挥发性有机物的材料，引起的室内空气品质问题越来越常见，大量的室内装修工程废弃材料也在不断吞噬着周围的环境，所以污染和材料处理是室内设计师必须考虑的问题。设计中是否对材料的使用数量进行了合理的控制，是否提高了材料的再循环含量，是否多采用无毒、无害、不污染环境的"绿色材料"，是否从各个角度着手改善或降低污染问题等，都是室内设计生态价值的重要体现。

4. 建造、运行和维护的系统规划

一个室内工程项目由许多环节构成，而每一个环节都与能源、环境品质、再循环与资源效率等因素有着各种各样的联系。因此在室内设计中，需要将项目作为一个完整的生态运行周期，从项目建造、运行与维护直至改造与报废的全过程，考察其性能和对环境的影响。

可以看出，室内设计需要考虑到室内工程多种因素的复杂性和关联性，进行综合系统的规划和设计。因此，在室内设计生态价值评价中，我们需要了解是否对项目的建造、运行与维护过程进行了整体的生态措施规划，并对其成效作出评估和判断。

7.1.2.4 对室内设计的创新价值评价

创新性是室内设计极为重要也极为独特的价值。设计创新是推动设计发展的动力，没有了创新，设计就会陷入停滞和对过去的重复，并逐渐丧失存在的意义。

室内设计的创新价值评价主要运用比较分析的方法。由于设计创新是一个复杂综合的系统，受到不同时代社会、经济和技术条件的影响，有着鲜明的时代烙印，因

此在评价中，应该既有设计演进发展的宏观把握，又要考虑到比较的尺度和范围，以形成合理的标准和可比性，从而敏锐地发现设计作品中创造新事物的潜力或者具有多少新生素质。

室内设计创新体现在多个方面，主要包括设计观念创新、风格创新、方法创新、功能创新以及材料与技术的创新等。设计创新可能在其中某一方面展开，也可能在多个方面展开。但无一例外，它们都应该具备对旧有的突破和新颖、非重复性、超越性等特点，这些特点也成为我们对室内设计创新价值评价的基本标准。

7.2 室内设计评价标准

评价是主体根据一定的目的对客体进行的价值判断。它反映主体对客体的需求关系，是物对于人的价值关系的判断。所以，评价的结果受主体价值观念的影响，对于同一评价对象而言，主体价值观不同，评价的结果可能就不同。这也是现在建筑领域中建筑评价比较混乱的原因之一。室内是为人的使用需求而存在的，所以对室内的评价应该反映"作为使用者的人"的普遍的价值观念，即"人的需求"。所以，应把人的需求作为评价室内设计的第一标准，再根据此标准和设计的具体目标制定出具体的评价原则和评价标准。

因此，我们以人的需要——包括人的生理需要、心理需要、实现人生理想和自我价值的需要及人类自身发展的需求等为标准，来确定室内设计评价的原则。

7.2.1 室内设计的评价标准

7.2.1.1 功能性

室内环境功能，也称室内空间的实用性，主要指符合空间使用效能方面的指标，如尺度指标、物理指标和功率指标。室内环境设计以人和人际活动为设计核心，以安全—卫生—效率—舒适这一以人为本的理念为基本设计原则，体现在充分满足人们的生理、心理、视觉等需求上。设计展开时应细致入微，设身处地地为人着想，充分考虑人体工程学、环境心理学、审美心理学等方面的要求，最大限度地适用于人。室内环境设计的功能绝不是单一的，也不是任意组合的，而是合乎科学和非常周密的系统构成，设计师应追求功能的系统与完整性，以及拟定人与环境相谐调的系

统功能评价。

7.2.1.2 满足业主意愿性

业主对室内环境设计的影响是较大的，在策划中，业主的要求或意愿各不相同，这是根据项目性质、投资多少、营销策略而定的。在业主的设计要求中有的偏功能方面或技术方面，有的则强调艺术性或精神性。设计师应该把自己视为业主要求的当然解释者，并按着自己对"要求"的理解巧妙、深入地展开创作，以充分体现业主的意图。

7.2.1.3 科学性

现代室内环境设计是以科学为重要支柱的设计活动，现代科学技术成果不断应用于室内环境设计，包括新型材料，先进的结构构成，施工工艺以及为创造良好声、光、热环境的设施设备，设计就应该适应这一时代和科学技术发展的步伐，体现出人对现代环境的新需求。

7.2.1.4 合理性

合理性是指设计项目合乎原理的原则，就环境与人的关系而言，即使用时的合理性、方便性、快捷性、协调性。如人与物的关系、环境与人的关系等。

7.2.1.5 经济性

确定成本与价值观，指实现设计所需的费用投入是否为业主所接受。这项指标的评价是极其重要的，因为只有当为实现某项设计而付出的代价小于能从该项设计中获得利益时，才算是有价值的设计。若以货币来衡量其设计价值的大小，则是只有当预期的货币收益大于其消费，才是有价值的设计。换言之，从经济性的角度来评价设计，只有那些具有充分把握可实现经济效益和经济条件可承受的设计，才是好的设计。其评价项目有：成本预算、综合费额、收益利润、年销利润、成本回收期。

7.2.1.6 艺术性

艺术性指设计师运用设计美学原理，创造具有很强表现力和感染力的室内空间和形象，创造具有视觉愉悦和文化内涵的室内环境。具体包括空间环境的风格取向、形态塑造、色彩处理、材质设置、地域文脉、时代精神等，是否符合设计主题、策划理念和业主投资、营销战略的定位。

7.2.1.7 独创性

所谓独创性的构思，是指富有创见、与众不同、匠心独运的构思。它具有两方面的内涵：即新颖性和独特性。在设计创作中，其实并不要求个设计从外到内从整体到细部都具有独具匠心的构思，只要有那么一点闪光之处，能让人觉得有新意，这样的构思就算是有创造性的，这点对设计师而言应该是第二生命。一位有魅力的设计师应不断出新，接受自我挑战。正所谓独创是进步的激励和引导，这也是设计作品成功的重要环节。

7.2.1.8 可持续性

现代室内环境设计应当既满足当代人的需要又不对后代人满足其需要的能力构成危害。设计作品需要体现一定超前导向性的设计内涵或可持续发展内涵。设计师有胆识及眼光，则作品的价值意识便会比较长久。人类生活的将来受到多种因素的影响，社会需求、生活行为、时尚流行日新月异，设计师对这些因素和现实必须予以充分重视。

7.2.1.9 安全性

人在室内度过的生活与工作时间加在一起，大约超过人生的 2/3。因此，室内环境的安全质量如何，对人们身心健康的影响是至关重要的。由世界卫生组织（WHO）提倡的"健康环境意识"曾明确指出"健康"是在身体上、精神上、社会上完全处于良好的状态。因此，健康空间就是能使居住者在身体上、精神上、社会上完全处于良好状态的室内空间，落实在设计工作中，就是追求设计的安全性，避免火灾、坠物、煤气中毒、跌倒、砸伤、触电、公害、污染、刺激、因设计不合理而带来的心理阻碍，并注意换气、疏散等。

7.2.2 评价的稽核表格

为使设计评价一目了然，可对上述评价项目的结果分别用表格反映。根据项目具体特点、规模、属性及需求制作总表（见表7-2-1）与各项评价表格（见表7-2-2～表7-2-4）进行评估，以供设计师自我衡量及使用后评价的反馈。

表 7-2-1　设计评价稽核总表

项目 ＼ 等级	优			良			一般			劣		
	A	B	C	A	B	C	A	B	C	A	B	C
新构想												
功能性												
业主意愿												
科学性												
合理性												
经济性												
艺术性												
独创性												
将来性												
安全性												
其他												

表 7-2-2　设计的艺术性评价表

项目 ＼ 等级	优			良			一般			劣		
	A	B	C	A	B	C	A	B	C	A	B	C
风格、特点												
视觉心理												
场地条件												
节奏与韵律												
重点与中心												
比例与尺度												
空间意境												
和谐与对比												
材质、肌理												
环境与色彩												
照明												
……												

表 7-2-3　设计的经济性评价表

项目 ＼ 等级	优			良			一般			劣		
	A	B	C	A	B	C	A	B	C	A	B	C
空间计划												
预算分配												
节约、合理												
耐用性												
易保养												
材料适宜												
再生性												
系统原理												
……												

表 7-2-4　　　　　　　　　　　　　　　　　设计的科学性评价表

等级 项目	优			良			一般			劣		
	A	B	C	A	B	C	A	B	C	A	B	C
人体工程学原理												
新型材料												
结构造型												
工艺流程												
设施设备												
声学												
光学												
水、电												
热、气流												
贮藏（物）												
消防												
……												

7.3　优秀案例分析——低碳室内设计典范"沪上·生态家"使用后评价

上海世博会的"沪上·生态家"案例馆展示了生活在都市中的人们对和谐生态的一种探求。展馆展示的不仅是上海这座城市，而是中国这个快速发展的东方大国在人居科技方面的智慧，以及这种智慧所描绘出来的"城市，让生活更美好"的世界。"沪上·生态家"的设计符合对室内设计的功能价值评价和生态价值的评价。

"绿色生态楼仿佛是一扇门，它开启了人们对绿色智能建筑、节能降耗甚至是城市发展的思索。""沪上·生态家"在充分利用自然条件、节约不可再生资源、利用可再生资源、将自然因素引入室内等，自主创新集成应用了"超低能耗，围护结构，太阳能、风能、地热能等再生能源，3R建材、雨污水等资源回用。智能监测控制"等关键技术。可以说，在生态与可持续方面达到了设计评判的优秀标准，如图7-3-1所示。

7.3.1　功能价值评价

"沪上·生态家"根据城市最佳实践区居住建筑案例要求，针对上海为发展中国家的夏热冬冷地区、大城市、高密度的地域气候特征和经济发展水平，开展了文化创意和理念研究，旨在建设一个诠释世博主题、展示最新成果、引领未来科技发展的智能化生态住宅展示。

遵循"天和——节能减排、环境共生，地和——因地制宜、本土特色，人和——以人为本、健康舒适，乐活！健康可持续的价值导向"的主题，在方案的策划和设计中提炼出了关注节能环保，倡导乐活人生的全新生态居住理念。

总平面："沪上·生态家"选址于城市最佳实践区北部区块内，东侧紧邻住宅案例门户入口，南侧遥望成都活水公园案例，与奥登赛案例相邻，北侧、西侧与马德里和伦敦2个案例相邻，项目建筑红线内面积774m²，总建筑面积3001m²，其中，地上4层，建筑面积为2217m²，地下1层，建筑面积为784m²，建筑屋面高度为18.9m（见图7-3-2）。

7.3.2　生态价值评价——生态与可持续性原则

"沪上·生态家"立足"沪上"城市、人文、气候特征，通过"风、光、影、绿、废"等多个"生态"元素的建筑室内一体化设计，展示"家"的"乐活人生"，引领低碳、绿色、健康生活方式。低碳住宅室内环境设计依靠低碳技术做支撑，低碳技术是实现低碳室内环境设计的保障，"沪上·生态家"就是依靠强大的低碳技术来实现零碳目标的。

"沪上·生态家"运用弄、山墙、老虎窗、石库门、花格窗等传统建筑元素，穿堂风、自遮阳、天然光、天井等本土生态手法，完美地体现了生态技术性原则与可持续性原则。

图 7-3-1 沪上·生态家外立面

7.3.2.1 充分利用可再生资源、能源

通风中庭、呼吸窗、倒风墙实现自然通风，屋顶静音风力发电机变风为电力。"沪上·生态家"的空气环境系统由建筑中心的"生态核"串联。通过流体力学和热工盐酸，"生态核"可以实现对风环境的"优化组合"，并通过植物过滤净化系统，使得室内空气保持四季清新流畅。"生态核"顶部设计开合屋面，在加强自然通风效果的同时，增大室内采光效果。"生态核"屋顶安装的"追光百叶"可以跟随太阳角度的变化而自动转变角度，一方面起到遮阳作用，另一方面反射环境光，提高室内照度；在室内光线达不到照明标准时，窗帘百叶会自动调整，同时室内灯光会自动亮起，而其动力则来源于太阳能薄膜光伏发电板、静音垂直风力发电机等所产生的清洁能源（见图7-3-3）。

7.3.2.2 尽可能地将自然因素引入室内

引光于自然，采用采光中庭的建筑设计，引天然光于建筑内部，空间变得明亮，天窗外侧设置电动遮阳追光百叶控制中庭室内采光情况，夏季减少强光直射，光线较弱的情况下调节自动百叶使更多的天然光进入室内。"沪上·生态家"老虎窗的运用结合了上海建筑的特色元素，根据实际情况在设计上进行了改变，增加建筑内部采光和通风。借光于LED照明，室内照明的整体思路是在满足基本照明功能的基础上，强调装饰性和美学效果，应用现代科技和美学艺术相结合，照明与装饰、艺术为一体，与家具和陈设相融合。太阳光伏板和集热器变光为电能和热水。

"沪上·生态家"实现了19世纪德国对"建筑大面积植被化"的说法。从水体绿化，屋顶绿化，垂直绿化，室内绿化对建筑环境做改善。水体绿化具有生态功能，南侧室外水体采用水中树池和人工浮岛方式对其进行绿化，可以用来污染治理和生态修复（见图7-3-4）。植物主要有网纹草、镜面草、海寿花、水毛花、松叶菊等。屋顶绿化以绿色植物为主要覆盖物，以景天植物为主，既生态又满足人们观赏需求。垂直绿化分别对建筑体的南墙和西墙进行绿化。垂直绿化是使用面积最小、绿化面积最大的一种形式。南墙采用壁挂式种植绿化模块，植物主要以蔓生植物为主。而且种植容器都是环保型的纸花盆。西墙绿化目的是为了减弱下午长时间的西晒阳光照射，用绿色植物来降温，西墙种植爬山虎等绿色植物。沪上·生态家主要是利用中庭风笼为载体，对室内

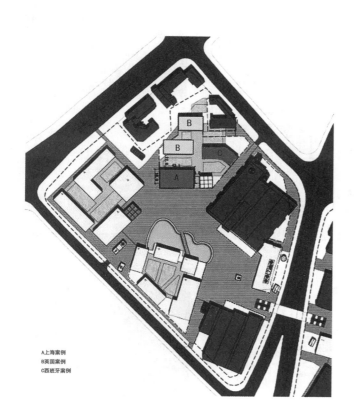

A.上海案例
B英国案例
C西班牙案例

图 7-3-2 沪上·生态家总平面

图 7-3-3 "沪上·生态家"
内部生态核

图 7-3-4 "沪上·生态家"
水体绿化

图 7-3-5 "沪上·生态家"再生建材展示

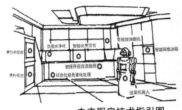

未来厨房技术指引图　　未来厨房

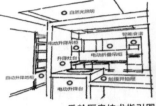

乐龄厨房技术指引图　　乐龄厨房

乐龄客厅技术指引图　　乐龄客厅

乐龄卧室技术指引图　　乐龄卧室

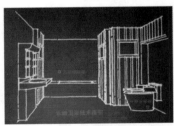

乐龄卫浴技术指引图　　乐龄卫浴

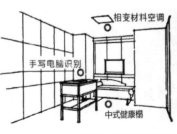

乐龄书房技术指引图　　乐龄书房

图 7-3-6 "沪上·生态家"乐龄智能家居

进行绿化、调节室温、分隔空间、缓解视觉压力、净化居住环境。

7.3.2.3 节约不可再生能源、资源

节约废弃物再生建材和可循环材料，变废为宝。立面乃至楼梯踏面铺砌的砖，是上海旧城改造时的石库门砖头，内部的大量用砖是用长江口淤积细沙生产的淤泥空心砖和用工厂废料蒸压粉煤灰制造的砖头，石膏板是用工业废料制作的脱硫石膏板。节省资源，保护环境，更可以传递出独特的材料美感（见图7-3-5）。

7.3.2.4 高科技是满足空间使用功能的物质手段

"沪上·生态家"是低碳设计的一个典范。这不仅包括建筑部分，在室内部分也同样有体现。"沪上·生态家"智能家居引领了利用居住科技创新来改善人们居住生活质量的新风潮，使人们从科技创新中受益，用科技打造"乐活人生"。智能家居能够在不使用家中能源消耗设备时自动关闭，降低生活费用，节约能源。在新的设计方向中未来派的风格是很多设计师关注的新趋势，白色以它干净利落的风姿独领这个未来趋势，"沪上·生态家"在整个设计中采用大量白色，未来设计界将朝着简单朴素的方向发展，从近两年来追求室内设计风格来看，这种趋势已经显现出来。"沪上·生态家"各功能空间乐龄智能家居，如图7-3-6所示。

本 章 小 结

通过本章的学习，使学生系统掌握室内设计评价的方法、依据，怎样通过科学的理论依据去衡量室内作品。这对于一个设计师全面发展至关重要。这也是本章的学习重点和目的。

复 习 思 考 题

1. 什么是室内设计评价？
2. 室内设计评价原则是什么？
3. 室内设计评价标准是什么？

第8章 室内设计常见空间类型分析

【本章概述】

　　室内环境设计是一门复杂的综合性学科，要运用多学科的知识，综合地进行环境设计。室内空间环境类型众多，本章归纳出几种常见的室内空间类型进行详细的内容讲解和案例分析，帮助学生了解各类空间类型的基本知识，掌握各类空间设计的基本要求，引导学生对现代设计发展的思索。

【学习重点】

1. 居住空间环境设计。
2. 办公空间环境设计。
3. 餐饮空间环境设计。
4. 娱乐空间环境设计。
5. 商业空间环境设计。

8.1 居住空间的室内设计

8.1.1 居住空间环境的空间组成

　　居住空间的室内环境，由于空间的结构划分已经确定，在界面处理、家具设置、装饰布置之前，除了厨房和浴厕，由于有固定安装的管道和设施，它们的位置已经确定之外，其余房间的使用功能，或一个房间内功能的划分，需要以居住空间内部使用的合理方便作为依据。归纳起来，大致可分为以下三种性质空间。

8.1.1.1 公共活动空间

　　公共生活区域是以家庭公共需要为对象的综合活动场所，是一个与家人共享天伦之乐兼与亲友联谊情感的日常聚会的空间，它不仅能适当调节身心，陶冶性情，而且可以沟通情感增进幸福（见图8-1-1）。

　　公共生活区域，一方面它是家庭生活聚集的中心，在精神上反映着和谐的家庭关系；另一方面它是家庭和外界交际的场所，象征着合作和友善。家庭的群体活动主要包括谈话、视听、阅读、用餐、户外活动、娱乐及青少年游戏等内容。这些活动规律、状态根据不同的家庭结构和家庭特点（年龄）有极大的差异。我们可以从空间的功能上依据不同的需求定义出：门厅、起居室、餐厅、游戏室、家庭影院等种种属于公共活动性质的空间（见图8-1-2）。

8.1.1.2 私密性空间

　　私密性空间是为家庭成员独自进行私密行为所设计提供的空间。它能充分满足家庭成员的个体需求，既是成人享受私密权利的禁地，亦是子女健康不受干扰的成长摇篮。私密性空间主要包括：卧室、书房和卫生间（浴室）等处。卧室和卫生间（浴室）是供休息、睡眠、梳妆、更衣、淋浴等活动和生活的私密性空间，其特点是针对多数人的共同需要，根据个体生理和心理的差异，根据个体的爱好品味而设计。完备的私密性空间只有休闲性，安全性和创造性，是能使家庭成员自我平衡、自我调整、自我放松的不可缺少的空间区域（见图8-1-3）。

图 8-1-1　武汉城市花园样板间的客厅设计

图 8-1-2　武汉西半岛样板间的客厅设计

图 8-1-3　武汉西半岛样板间的卧室设计

8.1.1.3　家务工作区域空间

家务活动以准备膳食、洗涤餐具、衣物、清洁环境、修理设备为主要范围，它所需要的设备包括：厨房、操作台、清洁工具（洗衣机、吸尘器、洗碗机）以及用于储存的设备（如冰箱、橱柜、衣橱、碗柜等）。家务工作区域为一切家务活动提供必要的空间，使这些家务活动不会影响住宅中其他的使用功能，同时良好的家务工作区域可以提高工作效率，使有关的膳食调理、衣物洗熨、维护清洁等复杂事务都能在省时、省力的原则下顺利完成。因而家务工作区域的设计，首先应当对每一种活动都给予一个合适的位置，其次应当根据设备尺寸及使用操作设备的人体工程学要求给予其合理的尺度，同时在可能的情况下，使用现代科技产品，使业务活动能在正确舒适的操作过程中成为一种享受。

8.1.2　居住空间的设计要求

8.1.2.1　使用功能布局合理

（1）功能完备，组织丰富。

随着社会不断进步及人们生活质量的不断提高，住宅的空间在组织上、功能上、内容上也在不断地发生着变化，功能由单一到简单到多样，并且更加细致和精确。

同时随着居住空间功能的多样化、设施化的完备发展，其空间系统的组织方式也更加多变，形成的空间在形态、层次上日趋多样，空间视觉观感也日渐丰富、精彩。复合性的空间形态，流动的空间形态，取代了单一、呆板的空间形态（见图 8-1-4）。室内空间形态在水平方向上和垂直方向上都在不断丰富，并且两者常常相互结合以产生更加动人的空间。也正是功能的多样化为空间的组织手法提供了变化的余地（见图 8-1-5）。

（2）动静分区明确，主次分明。

居住空间无论功能变化有多少样，组织手法有多么丰富，但是剖开表面，就会看出居住空间在空间的动与静、主与次的关系上是相当明确的。在众多的功能中，公共活动部分如起居室、餐厅以及家务区域的厨房，都属于人的动态活动较多的区域，属于动区。其特点是参与活动的人多，群聚性强，声响较大，如看电视、听音乐、谈天说地、烹饪清洗等，这部分空间，可以靠近住宅的入口部分。而居住空间中的另一类空间如卧室、卫生间、书房则需要安静和隐蔽，应该布置在远离入口的部位，井采取相应的措施如走廊、隔断、凹入等手段使其隐蔽私密等要求得到保障和尊重。

在居住空间中，动的区域和静的区域必须在布局上和物理技术手段上采取多种必要措施分隔（见图8-1-6），以免形成混杂穿套以至影响人的睡眠及心理。

（3）空间规模尺度小巧、精确。

居住空间与大多数其他民用的公共空间相比较，尺度都相对较小，这是经济和心理两方面所决定的。首先

住宅在世界范围内是一种特殊商品，随着人多地少问题的日趋严重，人类居住的空间将成为愈来愈昂贵的商品。绝大多数人的经济条件约束着人们在居住空间上的消费要求，而住宅的承造者和开发商也在想方设法降低开发住宅的成本。这两方面的要求使得住宅空间在高度和面积上都很严谨、精确，它既满足了人们对住宅功能的最基本要求和人体工程学的要求，又吻合了人们的消费水平。小巧精确是它尺度上的特征（见图8-1-7）。当今我国的商品住宅中，建筑层高大多数在2.6m左右，卧室的开间尺寸也多数在3.3～4.2m之间。

图8-1-4　香港新界浩郎山庄复式

图8-1-5　莱顿市新规划区V形屋

图8-1-6　深圳高文安设计样板间入口隔断

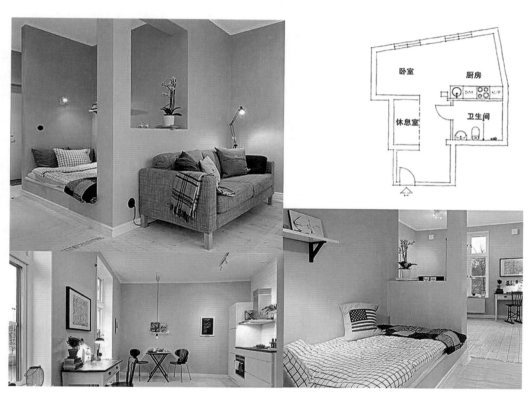

图8-1-7 紧凑型公寓

（4）空间形状简单实用、使用效率高。

居住空间是由卧室、起居室、卫生间、厨房等多个单元空间组成的。每个单元空间功能较为单一，同时受尺度、设施、设备以及经济性等要求的约束，空间形状大多简单实用，呈规则的几何形，其中以矩形空间为主，以便于较为紧凑地布置家具和设施，另一方面单元空间的组织方式也会对空间形状产生影响，如餐厅和厨房，可以巧妙结合为新型的就餐空间，餐厅和客厅也可以相互渗透为复合性空间，卧室和书房也可以相互结合（见图8-1-8）。

8.1.2.2　构思恰当适用

构思，创意，是室内设计的"灵魂"。设计之前，要从总体上根据家庭的职业特点、艺术爱好、人口组成、经济条件和家中业余活动的主要内容作统筹考虑，要富有时代气息和文化内涵或根据业主的喜爱来定位，设计师要做到全盘考虑，心中有数。面积较大的公寓、别墅则在风格造型的处理手法上，变化可能性更多一些，余地也更大一些。

8.1.2.3　色彩、材质协调和谐

设计室内地面、墙面和顶面等各个界面的色彩和材质，确定家具和室内纺织品的色彩和材质。色彩是人们在室内环境中最为敏感的视觉感受，因此根据主体构思，确定居住空间环境的主色调至为重要。之后再考虑不同色彩的配置和调配。如高明度、低彩度、中间偏冷或中间偏暖的色调或以黑、白、灰为基调的无彩体系，局部配以高彩度的小件摆设或沙发靠垫等（见图8-1-9）。

图 8-1-8　武汉城市花园样板间客厅与餐厅结合　　　　　　　图 8-1-9　华润凤凰城样板间

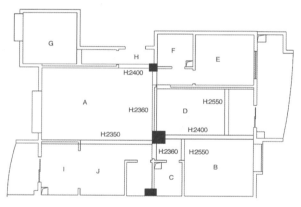

图 8-1-10　原始结构图　　　　　　　　　　　图 8-1-11　隔墙布局图最后的平面布局

8.1.3　居住空间设计的典型案例分析

本案例是位于武汉的一套四房两厅二卫的大户型住宅，室内实用面积170m²左右，房主40岁左右，家庭成员3口，父母偶尔会来小住。另外，该房屋为框架式结构，除承重墙外的墙体可以拆除重置。

设计方案开始之前必须进行案例现状分析，首先从未来空间使用者的角度来看，家庭结构相对简单，住宅面积比较大，更应注意舒适度的把握。户主比较喜欢简欧的设计风格，另外，对主卧、客厅、书房、厨房、餐厅等与自身生活密切相关的空间，其舒适性要求颇高，而客卧，作为一种补充，也不可或缺，这也是考虑到以后方便家里老人居住，所以必须满足基本的功能需求。

其次从建筑空间的现状来看，一般建筑设计阶段已对室内空间进行了一些限定，以该图为例（见图8-1-10），通常A空间为客厅，B空间为主卧，C空间为主卫，D、E空间为次卧和书房，F空间为次卫，G空间为客卧，H空间为入口玄关，I、J空间为厨房餐厅。这样的空间格局虽然各个位置面积较大，大体布局也还合理，但局部问题不少，如，入口正对客厅；没有合适的位置放置玄关；进入客卧之前要经过狭长的走廊；对于这么大的户型来讲，厨房餐厅显得过于拥挤；没有更衣室的位置等，随着方案的进一步深入，原有建筑空间设计不合理的地方一一出现。因此，室内设计就要针对建筑上不合理的问题重新进行空间分割，如图8-1-11所示，在非承重墙的位置可以进行适当的变动，以利于设计出更舒适人性的空间如图8-1-12所述。

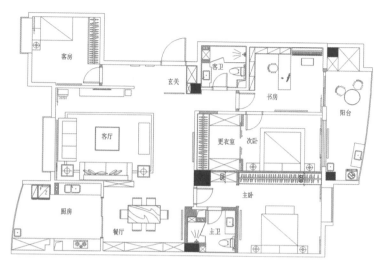

图 8-1-12 改造后平面布置图

图 8-1-13 客厅

图 8-1-14 卧室及书房

改造后的方案在入口处设置了阻挡进门视线的玄关，入口的位置在保证电视墙面长度合理的情况下，也显得更加开阔；厨房空间把阳台的面积利用上，加大厨房面积，拆除卫生间旁的房间，扩大餐厅的面积，这样餐厅就形成了一个比较方整的舒适就餐环境，同时也扩大了主卫的面积，可谓一举两得；次卧室的原有房间显得过于狭长，因此，把步入式更衣室在次卧室划分出来，增大了整个房间的储藏面积，同时次卧室的长宽比也更趋于合理；而主卧的储藏空间是通过与次卧的隔墙的"偷位"取得的，更好地利用了空间。室内空间设计的平面布局主要在于组织空间的流线和序列，以满足各种功能需求，为实现良好的空间关系打下基础。本方案二次空间创作后，使用功能更趋于舒适、合理、通透（见图8-1-13和图8-1-14）。

8.2 办公空间的室内设计

当今人们每天生活 1/3 的时间是在"办公环境"中度过的。随着城市信息、经营、管理方面新的要求不断出现，办公环境甚至有逐渐趋向家庭化的趋势，足见它在人们生活中的比重十分重要。办公环境是提供企事业员工工作的场所，合理而舒适的办公环境设计，对提高工作效率有着重要且直接的作用，它同时也是企事业单位性质、实力和形象的体现，涉及很多的规章、制度、自动化设备和使用者思想，并且不断运转到很多理性的层面，以求在策略、理性的模式中，寻求合乎人性化的办公室环境设计。

8.2.1 办公空间环境的功能安排

首先要符合工作和使用的方便。从业务的角度考虑，通常平面的布局顺序应是：门厅—接待—洽谈—工作—审阅—业务领导—高级领导—董事办公。此外每个工作程序还有相关的功能区域支持。

8.2.1.1 门厅

门厅处于整个办公空间的最重要的位置，是给客人留下第一印象的地方，需要重点设计，精心装修，平均花费较高。门厅面积要适度，几十平方米到一百平方米比较合适。在门厅范围内，可根据需要在合适的位置设置接待秘书台和等待休息区，面积允许的门厅，还可以安排一定的园林绿化小景和装饰品陈列区，如图8-2-1所示。

8.2.1.2 接待室

接待室是洽谈等待的地方，也是展示产品和宣传单位形象的场所，此处装修应有特色，面积不宜过大，通常在十几平方米到几十平方米之间，家具可以选择沙发茶几组合，也可以用桌椅组合。必要时，可以同时使用，只要功能分布合理即可。如果需要，应预留陈列柜、摆设镜框和宣传品的位置，如图8-2-2所示。

图 8-2-1　先达国际货运有限公司门厅

图 8-2-2　Digital Dimensions，Inc office 接待区

图 8-2-3　先达国际货运有限公司工作室

图 8-2-4　RTKL 公司总部会议室

8.2.1.3　工作室

工作室即员工办公室，根据工作需要和部门人数，并参考建筑结构而设定面积和位置。首先，应平衡各室之间的关系，然后再作室内安排。布局时应注意不同工作的使用要求，如对外接洽的要面向门口；搞研究和统计的，则要相对安静。还要注意人和家具、设备、空间、通道的关系，一定要使用方便、合理、安全。办公台多为平行垂直方向摆设，若有较大的办公空间，作整齐的斜向排列也颇有新意，但要注意使用方便和与整体风格协调（见图 8-2-3）。

8.2.1.4　管理人员办公室

管理人员办公室通常为部门主管而设，一般靠近所辖的部门员工工作室。可安排独立或半独立空间，前者是单独办公空间，后者是通过矮柜和玻璃间壁把空间隔

开。面向员工方向，应设透明壁或窗口，以便监督员工工作，陈设一般有办公桌椅、文件柜外，还设有接待谈话的椅子，地方允许的话，还可增设沙发、茶几等设施。

8.2.1.5　领导办公室

领导办公室通常分最高级领导和副职领导办公室，两者在装修档次上是有区别的，前者办公空间装修档次往往是全单位之最高水准，后者也应较好，这类办公室的平面布置应选通风、采光条件较好，方便工作的位置。面积要宽敞，家具型号较大，办公桌椅后面可设装饰柜或书柜，增加文化气氛和豪华感。办公台前通常有接待洽谈椅。地方较大的还可以增设带沙发茶几的谈话和休息区。有些还单独设卧室和卫生间。

8.2.1.6　会议室

会议室是用户同客户洽谈和员工开会的地方，面积

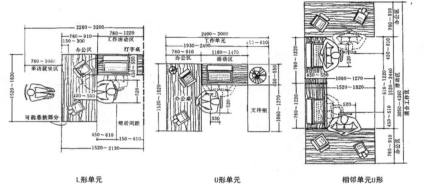

L形单元　　　　　　U形单元　　　　　相邻单元U形

单元办公桌布置形式

基本单元　　　　　　　可通行基本单元

办公桌与文件柜间距　　　相邻工作单元间距

办公工作单元家具尺寸及人体尺度立面示例

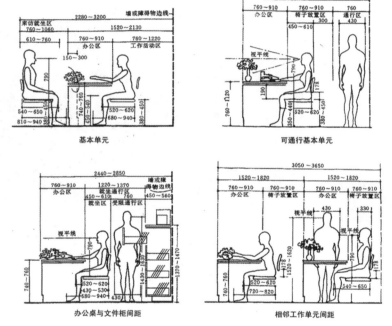

适于男性办公人员高度　　　适于女性办公人员高度

办公人体动态与办公屏风隔断高度关系

图 8-2-5　办公空间人体动态与办公屏风隔断高度关系

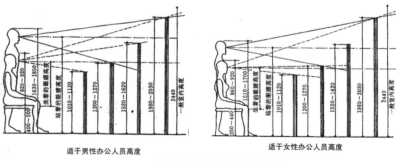

大小取决于使用需求。如果使用人数在20～30人之内，可用圆形或椭圆形的大会议桌形式，这样较豪华和正规；如人数较多的会议室，应考虑独立的两人桌，以作多种排列和组合使用。大会议室必要时应设主席台，有些还要具备新闻发布功能，平面设计时还应考虑音响控制室，如图 8-2-4 所示。

8.2.1.7　设备与资料室

设备和资料室的面积应根据需要来定，不宜浪费。面积和位置除了要考虑使用方便以外，还要考虑、保养和维护的要求。

8.2.2　办公空间环境的设计要素

8.2.2.1　流线要素

办公室是由各个既关联又具有一定独立性的功能空间构成的，而办公单位的性质不同又带来功能空间的设置不同，这就要求设计师在构想前要充分调查了解该办公环境的工作流程关系以及功能空间的需求和设置规律，这有利于设计平面流线，建立清晰的平面流线关系。

8.2.2.2　设备和家具要素

办公环境中的设备和家具是最基本的空间构成要素，如系统家具、OA办公桌、人体工程学座椅等，因此，设计前应深入了解现代化办公室的设备并掌握办公家具的运用。另外，它们的尺寸体量和人使用时必要的活动空间尺度，以及各单元相互间联系的交通尺度等均应一并熟练掌握，只有这样，构想时方可得心应手，如图 8-2-5 所示。

8.2.2.3　环境要素

环境因素是设计师在设计构想时应关注的问题。所谓环境，是指人在听觉、视觉、味觉、感觉、触觉方面的感受，亦即色彩的运用、材料的搭配、音响系统和整个造型给予的心理观感等。

8.2.2.4 面积、层高要素

根据办公楼等级标准的高低，办公室内人员常用的面积定额为 3.5～6.5m²/人（不包括过道面积），据上述定额可以在已有办公室内确定安排工作位置的数量。从室内每人所需的空间容积及办公人员在室内的空间感受考虑，办公室净高一般不低于 2.6m，设置空调时也不应低于 2.4m；智能型办公室室内净高，甲、乙、丙级分别不应低于 2.7m、2.6m、2.5m。从节能和有利于心理感受考虑，办公室应具有天然采光，窗地面积比应不小于1∶6（窗洞口面积与室内地面面积比）。

8.2.2.5 立面要素

在办公空间平面设计时，已对立面的使用有了位置的限定，在天花设计中又定好了天花的造型、照明方式与位置。也就是说，立面的设计已经有了很多的限定。其设计就是在这些限定下设计得更加形象化和具体化。

（1）门。门是开合活动部分的间隔，具有防盗、遮隔和开关空间的作用。办公室的门大部分采用落地玻璃，或至少有通透的玻璃窗大门（见图8-2-6）。

（2）窗。办公空间的窗一般由建筑设计完成。主要注意：一般要有特色的窗帘盒、窗台板和整个内窗套。还可以利用内外的窗台做植物设计。

（3）玻璃间壁。一般采用落地式玻璃间壁，其优点

是通透、明亮、简洁，一般选用钢化玻璃（见图 8-2-7）；半段式玻璃间壁，即在 800～900mm 高度以上做玻璃间格，下面可作文件柜，也可以用普通玻璃。

（4）壁柜的设计。办公空间多用壁柜做隔断，主要是因为：一是可以减少占地空间，增加储存空间；二是空间更简洁；三是更具实用功能。壁柜深度最好为240mm，300mm 或 400mm，宽度规格为 800～900mm，高度2440mm 以内，低于 2200mm 则显小气。

（5）柜台。在某些办公空间的柜台，如银行、税所等在设计时应注意：要充分满足其设备安置和工作使用要求，前者包括设备摆放的位置、供电、信号传输等，后者包括工作台椅、照明、资料的存放和取出等。另外还要考虑顾客对柜台的使用要求，如柜台铭牌和业务指南等。柜台的造型，主要考虑宽度、高度、色彩、质地等要素。

8.2.2.6 照明要素

办公空间的照明主要由自然光源与人造照明光源组成。具体地说，办公空间照明设计应注意以下要点。

（1）在组织照明时应将办公室天棚的亮度调整到适中程度，不可过于明亮，以半间接照明方式为宜。在办公局部空间中，增加适当亮度的补充光源，如多用途工作灯等，能使办公人员自动调节光度，有轻松、亲切之感，利于提高工作效率。如图 8-2-8 所示，办公桌面的照度较为适中，采用的是直接照明的方式。

（2）办公空间的工作时间主要是白天，有大量的

天然光从窗口照射进来，因此，办公室的照明设计应该考虑到与自然光如何相互调节补充而形成合理的光环境。

（3）在设计时，要充分考虑到办公空间的墙面色彩、材质和空间朝向等问题，以确定照明的照度、光色。光的设计与室内三大界面的装饰有着密切关系，如果墙体与天棚的装饰材料是吸光性材料，在光的照度设计上就应适当调整提高，如果室内界面装饰用的是反射性材料，应适当调整降低光照度，如此考虑，方能设计出舒适的光环境。

8.2.3 办公空间设计的典型案例分析

本案例为学生的课程设计作业，原有案例为某汽车配件公司的设计部办公空间，室内面积 1200m² 左右，主要分四个职能部门：行政管理部门、办公区、接待展示区和休闲活动区。原有平面布局（见图 8-2-9）形式过于简单、呆板，改造后的平面形式空间流畅、流线清晰，分区十分明确，分为前厅、展示区、接待区、设计部、设计总监办公室、总经理办公室、行政办公室、会议室、资料阅览室、茶水间，相互之间既紧密联系又相对独立，流线布局合理明确（见图 8-2-10 和图 8-2-11）。

图 8-2-6 kitterick 新
办公室 入口门

图 8-2-7 标华丰集团大厦玻璃隔断

图 8-2-8 Digital Dimensions，Inc office 照明方式

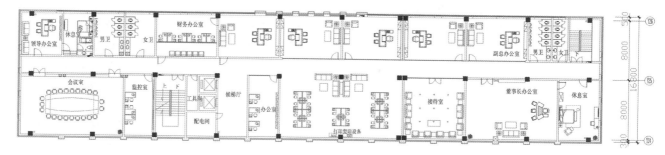

图 8-2-9　原始结构图

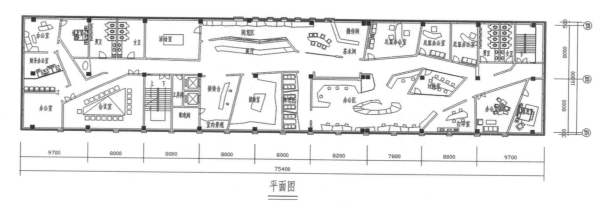

平面图

图 8-2-10　平面布置图

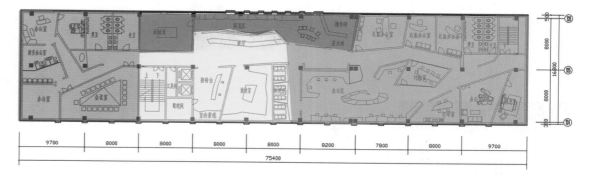

接待展示区
休闲活动区
办公区
行政办公区

图 8-2-11　功能分区图

图 8-2-12　门厅

由于为设计部门，空间色调可以更加活跃清新，整体空间主色调为灰色系，采用了红、黑、白三色进行搭配对比，形成强烈的视觉冲击，设计感很强。各个空间造型也极具特色，如接待处的红、白体块穿插，体现出一种构成的美，同时也点明了空间的色彩主题，间歇的穿插自然木本色，更使空间环境贴近自然，营造办公空间舒适的氛围（见图 8-2-12）。

整个办公空间以红色飘带为主题（见图 8-2-13），在各个空间穿插转折，活跃空间气氛；办公区的会议桌，为飘带造型的终点，既形成强烈的视觉冲击力（见图 8-2-14），又与其他空间巧妙的结合（见图 8-2-15）。整个空间协调统一，体现出设计师的独具匠心。总而言之，该空间通过各种设计手法突出表现了办公经营性质的主题风貌，这也是办公空间设计最应该抓住的灵魂所在。

图 8-2-13　展示区

图 8-2-14　阅览区

图 8-2-15　办公区

图 8-3-1　上海新天地 CHE 古巴餐厅

8.3　餐饮空间的室内设计

8.3.1　餐饮空间的室内设计基本内容

餐饮空间是人们日常生活中不可缺少的饮食消费场所，相对于其他的功能空间，餐饮空间是更能为人们营造出多样风格特征的休闲空间。随着经济水平的提高、消费观念的转变，越来越多的消费者步入餐厅进行消费。

餐饮空间的室内设计不能只简单地满足功能上的要求，它更应该表达餐饮空间的风格特征。如图 8-3-1 所示，上海新天地前的古巴餐厅，设计精髓以中心人物 Che Guevara 为主调，浓浓的南美气息，暗暗的灯光，营造怀旧古巴的爵士气息，氛围舒适温馨，让人流连忘返。餐饮空间的设计应在空间分配、文化的表达、材料的选用、色彩的处理、照明的配置、家具的选用等方面满足餐饮空间的特殊要求，从而创造出一个既舒适温馨又饱含文化特征的就餐环境。

8.3.1.1　餐饮空间设计的要求

（1）一般性要求。

1）餐厅的面积可根据餐厅的规模与级别来综合确定，一般按 $1.0\sim1.5m^2$/座计算。餐厅面积指标的确定要合理，指标过小，会造成拥挤；指标过大，会造成面积浪费、利用率不高和增大工作人员的劳动强度等。具体常用尺寸如图 8-3-2 所示。

2）营业性的餐厅应有专门的顾客出入口、等候前厅、衣帽间和卫生间。

3）餐厅应紧靠厨房设置，但备餐间的出入口应处理得较为隐蔽，同时还要避免厨房气味和油烟进入餐厅。

4）顾客就餐活动路线与送餐服务路线应分开，避免重叠，同时还要尽量避免主要流线的交叉。送餐服务路线不宜过长（最长不超过 40m），并尽量避免穿越其他就餐空间。在大型的多功能厅或宴会厅应以配餐廊代替备餐间，以避免送餐路线过长。

5）在大餐厅中应以多种有效的手段（绿化、半隔断等）来划分和限定各个不同的用餐区，以保证各个区域之间的相对独立并减少相互干扰。

6）各种功能的餐厅应有与之相适应的餐桌椅的布置方式和相应的装饰风格。

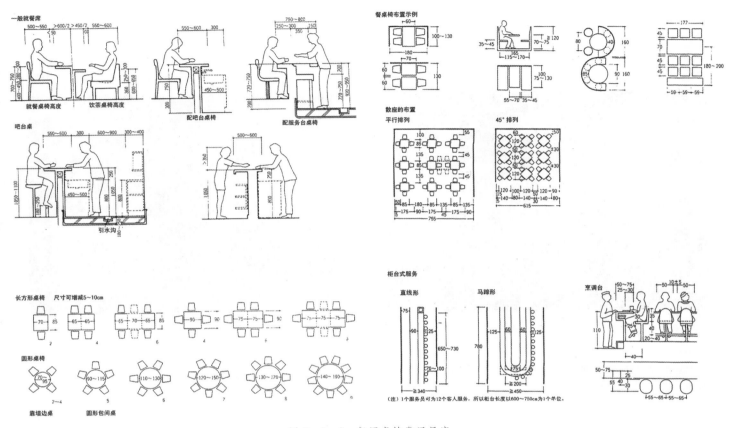

图 8-3-2　餐厅桌椅常用尺度

7）室内色彩应建立在统一的装饰风格基础之上，如西餐厅的色彩应典雅、明快，以浅色调为主；而中餐厅则相对热烈、华贵，以较重的色调为主。除此之外，还应考虑到采用能增进食欲的暖色调，以增加舒适、欢快的心情。

8）应主要选用天然材质，以给人温暖、亲切的感觉。另外，地面还应选择耐污、耐磨、易于清洁的材料。

9）餐厅内应有宜人的空间尺度和舒适的通风、采光等物理环境。

（2）功能性设计要求。

通常餐饮空间按照使用功能可分为主体就餐空间、单间就餐空间、卫生间、厨房工作空间等。由于各种不同的功能，各种空间的作用在不同的餐饮空间中所占的比重不同，所以空间划分的合理、安全、有效成为室内设计中需要注意的主要内容，它将为更好地发挥其使用功能起到重要的作用。因此，在设计之初对不同空间功能和性能的了解十分重要。

1）主体就餐空间。在设计高档的就餐大厅时，最好不要设计排桌式的布局，那样会使整个餐厅一览无余，使得餐厅空间显得乏味。设计时应该通过各种形式的隔断将空间进行组合，这样不仅可以增加装饰面，还能很好地划分区域，给客人留有更多相对私密的空间（见图 8-3-3）。

2）单间就餐空间。单间的好处是可以提供一个较为雅静的进餐环境，主题集中，无其他干扰，因此也往往成为彼此进行感情交流的场所（见图 8-3-4）。在平面布局设计中应注意尽可能使单间的大小多样化，要考虑到 2～6 人在单间的用餐需求。一些贵宾单间内所设的备餐间入口最好要与包间的主入口分开，同时，备餐间的出口也不要正对餐桌。贵宾单间不应设卡拉 OK 设施，这会破坏高雅的就餐氛围，降低档次，而且也会影响其他单间的客人。

图 8 - 3 - 3　香港大快活餐厅

图 8 - 3 - 4　香港赛马骑师俱乐部

图 8 - 3 - 5　西班牙巴里奥餐厅洗手池

单间餐厅要讲究装饰效果，虽然一个餐馆中所有单间的风格是一致的，但每个单间的样式经常会要求不同，这为设计师提供了多样性的设计可能。

3）餐馆的卫生间。在客席 100～120 席的店内，可以在男厕配两个小便器和一个大便器，在女厕配两个大便器再加上化妆室。蹲便多用于一般性的公共场所，在高档的公共空间的配套设施中，由于能保证卫生消毒，多采用坐式的马桶。洗手池是餐馆必不可少的设施，现在常用的设计是洗手池上加设台面，以便放置化妆包等物品。台面一般为石材，进深在 500～600mm。卫生间的照明不必装饰过多，主要在于实用，一般在水池上方设置镜前灯（见图 8 - 3 - 5）。

洗手池的造型、五金以及镜子的大小、形式等都有多种设计，不同的选材、不同的搭配会呈现出不同的效果与风格，多样的形态令人感到新奇有趣，这也为设计师提供展现设计魅力的舞台。

8.3.1.2　餐饮空间环境的设计要素

餐饮空间的设计是否能够上档次、有品位，能够带给人们良好的心理感受，主要倚仗于精致的室内设计。与其他项目的室内设计一样，从空间流线的设计、总体的空间布局、整体的文化表达、材料的选择、照明的设计、色彩的处理、家具的选用等方面着手进行精心设计，巧妙构思，从而达到一个富有特色的就餐环境效果。设计要根据不同的空间特点、具体的设计要求和总体构思的需要进行设计。由于构思和创意的不同，上述环境设计要素的表现也均不相同，所以设计师也要根据具体情况灵活处理，方能创造出良好、独特的空间氛围。

1. 餐饮空间的动态流线

餐厅的空间设计首先必须满足接待顾客和使顾客方便用餐这一基本要求，同时还要追求更高的审美和艺术价值。原则上说，餐厅的总体平面布局有不少规律可循，并应根据这些规律，创造出实用的平面布局空间。

在设计餐厅空间时，必须考虑各种空间的舒适度及各空间组织的合理性，尤其要注意满足各类餐桌餐椅的布局和各种通道的尺寸，以及送餐流程的便捷合理。不应过分追求餐座数量的最大化。通道的宽度因餐厅的规模而变化，但是一般主通路的宽度是 900～1200mm，副通道是 600～900mm 左右，通达客席的道路宽 400～600mm，但有的也采取 750mm。将服务通道与客人通道分开十分重要，特别是包间区域，过多的交叉会降低服务的品质。

一般的客席策划的配置方法是把客席配置在窗前或墙边，来客是2～3人为一组的情况较多，客席的构成要根据客人情况确定。一般的客席配置形态有竖型（见图8-3-6）、横型（见图8-3-7）、横竖组合型、卡座（见图8-3-8）以及其他类型（见图8-3-9），这些要

根据餐厅规模和气氛来选用。

2. 餐饮空间的文化表达

餐饮店不仅是一个提供餐饮的场所，而且是一个在进餐过程中可以享受有形无形的附加价值服务的饮食设施。要想获得身心放松，实现精神享受，就必须要有各种各样的历史文化、民族文化、乡土文化等来营造餐饮文化

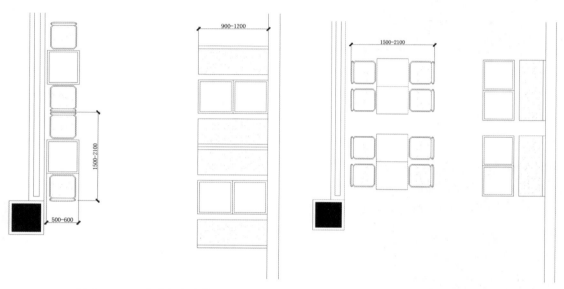

图8-3-6　客席竖向布局　　　　　　　　　　图8-3-7　客席横向布置

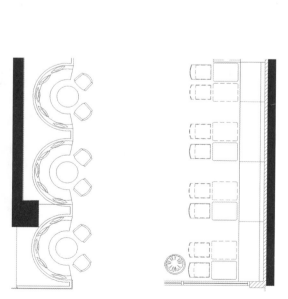

图8-3-8　客席卡座形式

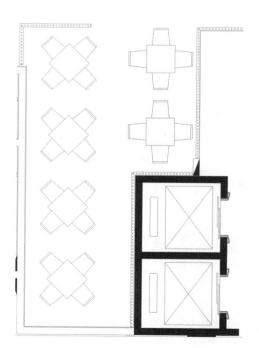

图8-3-9　客席散座形式

氛围。餐饮文化可以多角度、多视点的体现,设计师应挖掘不同文化、风格的内涵,寻求更多的设计灵感。

设计"主题餐厅"是餐饮设计成功的一条重要途径。设计者要善于观察和分析各种社会需求及人的社会文化心理。由此出发,确定某个能为人喜爱和欣赏的文化主题,围绕这一主题进行设计,从外观到室内,从空间到家具陈设,全力烘托出体现该主题的一种特定的氛围。如图8-3-10所示的位于瑞典的孔雀餐厅,无论从平面布局、色彩、空间形式、材料的运用无不体现了孔雀的

主题,格调高雅,堪称主题餐厅的经典之作。

3.餐饮空间的材料选择

(1)材料的功能性。餐厅不仅是人们进餐的场所,同时也是重要的社交场所和公众汇集的地方。在餐厅中,人们不但在"吃",同时还在"说"。餐厅的声环境不仅与以人为主的声源有关,而且与餐厅的体形、装修等建筑声学因素密切相关,对餐厅进行科学的吸声处理,可以大大降低餐厅声环境的嘈杂程度,提高音质,改善用餐的声环境。

图 8-3-10 瑞典孔雀餐厅

图 8-3-11　纽约苏活茶庄

餐厅中最重要的吸声表面是吊顶，因为其不但面积大，而且是声音长距离反射的必经之地。如果吊顶是水泥、石膏板、木板等硬质材料，声音将会反射到房间中的各处，形成嘈杂声。使用高效率的吸声吊顶（如穿孔铝板、矿棉吸声板、木质吸声板等）时反射到其他区域的声音要少得多。除了利用吊顶进行吸声处理以外，墙面吸声（如吸声板、木质穿孔吸声板等）、厚重的吸声帘幕、绸缎带褶边的桌布、软座椅等都能产生有效的吸声。但与吊顶相比，其他部分吸声的面积偏小，而且受到各种条件的限制，吸声的效果差一些。

（2）材料的装饰性。餐馆内部的形象给人的感觉如何，在很大程度上取决于装饰材料的使用。天然材料中的木、竹、藤、麻、棉等材料给人们以亲切感，可以表达朴素无华的自然情调，营造温馨、宜人的就餐环境；平坦光滑的大理石、全反射的镜面不锈钢、纹理清晰的木材、清水勾鳞的砖墙又会给人不同的联想和感受（见图 8-3-11）。

餐厅的地面一般选用比较耐久、结实、便于清洗的材料，如石材（花岗石）、水磨石、毛石、地砖等。较高级的餐厅常选用石材、木地板或地毯。地面处理除采用同种材料变化之外，也可由两种或多种材料构成，既有变化，又具有很好的导向性。

隔墙一般是餐馆中重点装饰的部分，利用虚虚实实的变化，营造出不同的空间变化。对墙面材料材质的不同处理及变化，给人们带来不同的空间感受。在材料的选用、设计中还应注意到设计造型与材料之间的对应关系，不同的造型应选用最适合的材料来进行表现。

4. 餐饮空间的照明设计

灯光是餐饮空间构成的重要因素。灯光的功能与食客的味觉、心理有着潜移默化的联系，与餐饮企业的经营定位也息息相关。麦当劳、肯德基等西式快餐以明亮为主；咖啡厅、西餐厅是最讲究情调的地方，灯饰系统以沉着、柔和为美；而灯火辉煌、兴高采烈则是中餐厅常用手法。灯光太亮或太暗的就餐环境会使客人感到不适；桌面的重点照明可有效地增进食欲，而其他区域则应相对暗一些（见图 8-3-12）；有艺术品的地方可用灯光突出，灯光的明暗结合可使整个环境富有层次。此外，还应避免彩色光源的使用，那会使得餐厅显得俗气，使食品"变色"，也会使客人感到烦躁。

灯具选择与光源不同，灯具的装饰价值不在于它们所发射出的光线，而在于它们本身所独有的风格、美感。它们本身的外观就能决定一个餐厅的风格和情调，这一点正是灯具的优势和魅力所在。

5. 餐饮空间的色彩设计

就餐环境的色彩无疑会影响就餐人的心理，一是食物的色彩能影响人的食欲，二是餐厅环境色彩也能影响人就餐时的情绪。餐馆的色彩运用应该考虑到顾客阶层、年龄、爱好倾向等问题。色彩宜以明朗轻快的色调为主，红色、茶色、橙黄色、绿色等强调暖意的色彩较适宜（见图8-3-13），这些色彩比白色、黑色更招人喜欢。橙色以及相同色相的姐妹色有刺激食欲的功效，它们不仅能给人以温馨感，而且能提高进餐者的兴致。整体的室内色调应沉着，给人安宁且具有私密性的气氛，同时整个餐厅的色彩要有一个基调。

8.3.2　餐饮空间设计的典型案例分析

位于杭州古水街的"外婆家"餐厅，光看"外婆家"这个名字已经让人联想起小时候，依偎在外婆旁边，吃外婆做的饭菜的温暖与感动，而这家餐馆的室内设计以及运营理念也无时无刻不给顾客营造这样一种感觉（见图8-3-14）。

餐厅分为上、下两层，就餐区域基本采用开放式格局以保持动线流畅，人流可以自然地进入各功能区。为满足不同顾客对就餐私密性的不同需求，下层就餐区以陈列柜区隔出公共及半私密就餐区域，上层则以帷幔圈围出一些更具私密感的包间形式就餐区域（见图8-3-15）。

图8-3-12　香港赛马骑师俱乐部

图8-3-13　香港大快活餐厅

图8-3-14　"外婆家"餐厅入口

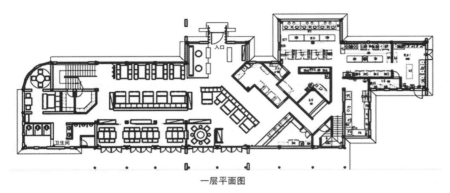

一层平面图

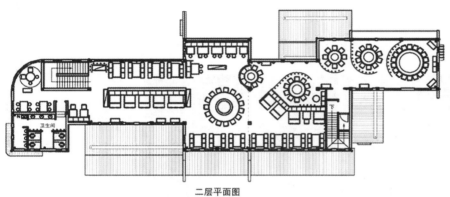

二层平面图

图 8-3-15　"外婆家"餐厅平面布置图

图 8-3-16　"外婆家"餐厅过道空间

图 8-3-17　"外婆家"餐厅二楼就餐区

首层空间主打美式乡村复古风,深棕色的壁柜、餐桌与餐椅古典的曲线、木质地板、摆放在安静角落的木质运动器材为顾客营造一个安静、怀旧的就餐气氛,在这样沉稳的氛围中就餐时享受木头带来的儿时回忆。壁柜中摆放的各式各样的运动器材也在阐释着儿时运动的回忆,这里更像一个"博物馆式"的就餐区。通向二楼的楼梯旁边悬挂着比赛专用自行车,在这样一个怀旧的环境中同样像一个展品一样诉说着运动的历史,金属框架的使用也让沉浸在怀旧情怀中的我们感受到运动的激情(见图 8-3-16)。

餐厅的二楼完全不同于一层,大面积的深棕色消失了,取而代之的是轻快的白色、运动员的涂鸦,以及来餐厅就餐的知名运动员的亲笔签名。如果说一层是在像博物馆一样诉说过去往昔的运动的话,二层则是为顾客真正营造了一个具有运动品质的空间,圆形的吧台,上方有四台液晶屏,显而易见是为了给顾客提供运动赛事转播而设置的。室内大量的留白设计则让"怀旧与运动"这一主题得以充分展现和延伸(见图 8-3-17)。

8.4 娱乐空间的室内设计

随着经济的发展和人民生活水平的提高，各种各样的娱乐活动也层出不穷。所谓娱乐活动，即非工作性质的活动，是在一定的环境中借助器械、设施，满足人们健康、休闲、娱乐需要的一系列活动，因此也称为康乐活动。娱乐活动的内容非常广泛，在室内的娱乐空间有：休闲娱乐空间，酒吧、歌舞厅、会所等；健身娱乐空间，健身馆、游泳馆、保龄球场馆等。现代娱乐活动是人们精神文化生活不断提高的必然结果。

8.4.1 娱乐空间装饰设计原则

8.4.1.1 实用功能

功能是娱乐空间设计的实质和核心问题，娱乐空间的功能因主题不同而有很大的差别，不同的功能采用的技术和施工工艺也不同，因此只有充分运用新材料与新技术，才能使娱乐空间的功能全部展现，大大提高娱乐空间的环境"舒适度"。

8.4.1.2 以人为本

娱乐空间是人们进行社会交往、休息、休闲的特定环境。娱乐空间以人为中心进行装饰设计，才能满足人们消费与消遣的需求，所以人的需求、人的活动范围及其追求的娱乐方式是研究娱乐装饰空间关系、研究空间处理手法的立足点（见图8-4-1）。

8.4.1.3 充分利用原始空间

合理地利用原建筑设计的优点，提高单位空间容量的效益是创造娱乐装饰空间的重要原则。设计时要体味和尊重原建筑设计的空间构思、思想脉络，充分利用构件，无论是保留、强化、还是遮掩、调整，藏与露等抉择均应慎重，避免一味醉心于装潢而忽视空间关系与建筑结构逻辑的毛病。如图8-4-2所示的RED PRIME STEAK会所，设计充分利用了5.5m高的天花板、天窗，给人留下深刻的印象。

8.4.1.4 注重利用工业材料和批量生产的工业产品

娱乐空间虽然应该装饰的华丽美观，但却不能变成材料堆砌、奢华、炫耀财富、缺少品味的暴发户式的金银圈。设计者应随时收集最新材料信息和最新工业产品动向，巧妙地加以利用，既可节约人工，又可以设计出与众不同、新颖别致、舒适和谐的理想空间。如图8-4-3所示的SPA水疗馆，设计师精心设计的净化通道将人们带入一个与室外完全不同的环境，用清水混凝土、真石漆等自然、简洁的材料，营造出柔和清净的充满禅意的空间。

图8-4-1 澳门sky21会所

图8-4-2 美国RED PRIME STEAK会所

图 8 - 4 - 3　SPA 水疗馆　　　　　　　　图 8 - 4 - 4　Evian SPA

8.4.1.5　注重微观室内空间与室外空间的一体化

娱乐场所、休闲场所一般的外部环境都布置得十分优美，室内装饰必须和室外环境互相映衬、互相融通，才能产生和谐的美。设计师要在对室外空间环境分析研究的前提下，利用结构、造型、材质美，将室外的山、石、水景、园林绿化小品、人工造景等自然的环境，采取开与合、放与收、敞与隔等手法，象征性的、有目的运用各种窗景、门景、墙景等，将室外大空间中的建筑装饰要素引入室内小空间，减弱室内空间的封闭性。如图 8 - 4 - 4 所示，陈幼坚设计的 Evian SPA 空间环境中，既将自然环境搬入室内，又将其意象化引入室内，在室内创造出一种天然之趣，做到与周围自然环境、人文环境交织互补，融为一体。

8.4.1.6　解决人流分配与流线组织问题

在娱乐休闲场所，人们从事任何一种活动，往往要依次做若干种动作之后才最终完成。例如，去舞厅跳舞就得先后完成买票、入座、跳舞、休息、再跳舞、再休息，最后疏散等不同动作。所以一个舞厅的室内空间就得按人

的动作行为程序安排空间序列。空间序列，是指空间环境的顺序关系，是设计师按室内的功能给予合理组织的空间组合。各个空间之间也有顺序、流线和方向的联系。设计师在空间序列设计上要给人先干什么、后干什么的安排，这里就有空间前奏、空间过渡、空间主体以及空间结束的序列，即将人的一系列活动需要的内部空间依次连接起来，并把空间之间的过渡关系处理得当。

8.4.1.7　重视室内空间的综合艺术风格

综合艺术风格是娱乐休闲空间个性魅力的体现，设计师从需要出发，推陈出新，创造出的不同的形式，形成独特的风格（见图 8 - 4 - 5）。设计师在娱乐休闲空间室内装饰设计时要根据原建筑及娱乐休闲空间的特殊需要确定采用什么风格，以产生整体的综合艺术风格。

上述基本原则只是提出了一些必须思考的问题，不能简单地了解和运用，设计师要对具体的室内空间深入研究，运用各种技术手段，寻找创造优质室内空间的思路、方法，设计出新颖巧妙、实用功能齐全的娱乐休闲

图 8-4-5　美国拉斯维加斯 Revolution 俱乐部

空间环境，使人们在物质和精神上得到完美的享受。

8.4.2　休闲娱乐环境设计

8.4.2.1　舞厅

　　舞厅可分为交际舞厅、迪斯科舞厅（也称"夜总会"）。舞厅在功能空间的划分以及环境装饰上应充分强调娱乐性，空间的分布布局应尽显活跃气氛，在喧嚣的环境中进行有序的空间变化与分隔。

　　舞厅的设施主要有舞池、演奏台（表演台）（见图8-4-6）、休息座、音控室、酒吧台、包房等，空间划分主要分为舞池区、休息区，舞池的地面标高可略低于休息座区，使其有明确的界限，互不干扰，空间尺度上应使人感到亲切。空间较大时可用低隔断、座椅等分隔成附属的小空间，增强亲和力。

图 8-4-6　Queen Mary 船舶内部舞厅

　　舞厅是一个声源特别复杂的环境，在设计时要把握好声环境的不同区域。有舞池中的音响声源，客席中的谈话声源，又有需要相对安静的散座或包间，在设计中应按照无声区—自然声区—娱乐声区—噪声区的隔离层次来进行划分。为减少音响对公共部分与客房的干扰，舞厅常位于地下一层或屋顶层，并在内壁设计吸音墙面，入口处的前厅则起声锁作用。舞厅需设音响灯光控制室和化妆间，有条件时设收缩、升降舞台。

　　舞厅的光环境设计以营造时代娱乐气氛为基础，使用多层次、多照明方式及多动感的设计手法，大胆创新。灯具的布置，一般在舞池上空专设一套灯光支架，悬挂专用舞台灯光设备，如扫描灯、镭射灯、激光灯等变化丰富的主导灯具。迪斯科舞厅的舞池地面多为钢化玻璃，一般在玻璃下设彩灯，上下动势灯光呼应，更显强烈刺激与扑朔迷离。舞厅的坐席区地面宜采用木地板或地毯铺装，以更好地吸收声音。

8.4.2.2　歌厅

　　歌厅主要是指卡拉 OK 厅和 KTV 包间。卡拉 OK 厅是以视听为主、自唱自乐、和谐欢愉的娱乐空间环境。如图 8-4-7 所示的 KTV 主要设施有舞池、表演台、视听设施、散座、包间、水酒吧台等。基本设备是大屏幕电视机和专业音响，属于内部闭路电视性质。电视屏幕上播出由客人点播的音乐、电视片或闭路电视控制所放映的录像。室内要有柔和的照明，在看电视时基本照度要在 50～80lx 之间，看电视时也要保持 10lx 的平均照度。

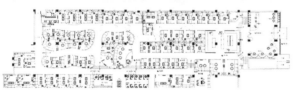

图 8-4-7　天王星 KTV

图 8-4-8　海南的 Mission Hills SPA

灯光的指示作用不容忽视，因为舞厅的光线较暗，包间、卫生间、吸烟区、疏散通道等都需要有灯光指示标识。

8.4.2.3　会所

会所即 Club，一般而言是指提供某些特定人群休闲聚会的场所，在早期西方社会就已存在不同形态的会所，后来衍生为上流社会阶层借此广交朋友拓展商业人脉的地方。随着时代的发展现在衍生出了高级会所、豪华会所、私人会所、商务会所等诸多类别，如图 8-4-8 所示，就是属于典型的 SPA—消闲类会所，它提供的是水疗服务，它的设计给人以强大感官体验的同时丰富了SPA 的内涵，整个空间宁静且充满阳光。

根据服务对象的不同会所设计可简单地分为商务会所设计和私人会所设计，不同的会所设计会有不同的功能需求。如表 8-4-1 所示为会所按功能划分的类型。

表 8-4-1　　　按功能划分的会所类型

主要分类	常见功能设置
康体类	健身房、室内外游泳池、乒乓球馆、羽毛球馆、网球馆、壁球馆、室内攀岩、篮球场
消闲类	室内高尔夫球场、桌球房、桑拿房、SPA
娱乐类	棋牌室、阅览室、儿童活动室
商业/服务类	咖啡厅/休闲茶座、酒吧、多功能室、商务中心

8.4.3 健身娱乐环境设计

8.4.3.1 健身馆

健身馆常提供拉力器、跑步器械、肌肉训练器械、划船器械、脚踏车等无氧运动器械，同时还要有有氧运动室如：瑜伽室、健美操室等。健身馆场地要宽敞，光线明亮而柔和，房高至少 2.6m，使用面积不得少于 60m²，墙面需装不锈钢或钢管以及镜面，用于练功时必要的扶靠与舞姿对照。地面可铺地毯或弹性地板，并设音响与空调（见图 8-4-9）。

图 8-4-9　Queen Mary 船舶内部健身房

8.4.3.2 洗浴中心

洗浴中心内洗浴的流程是：换鞋——次更衣—沐浴—进入桑拿房—沐浴—身体护理—再次进入房中—沐浴—休息室静养—按摩—二次更衣—休息大厅—更衣—结束洗浴。

按不同温度、不同器物可分为：桑拿房、蒸汽浴房、热水按摩浴池、冰水浸身池、热能震荡放松器、身体机能调理运动器、按摩房内设按摩床（见图 8-4-10）。

8.4.3.3 游泳池

游泳池分室内、室外两种。一般采用尺寸为 8m×15m～15m×25m。因中央空调系统及水温控制，室内游泳池不受季节气候影响，具有全天候使用的优点（见图 8-4-11）。同时，泳池空间做成全玻房并模仿优美的室外庭园环境，更显宜人的妙趣。室内游泳环境也常与桑拿浴环境组合在一起，互为补充、调节。室外游泳池受气候的影响较大。

图 8-4-10　意大利 Aquae Calidae 温泉中心

8.4.3.4 各种室内运动球场

室内球场一般包括网球场、壁球场、羽毛球场、乒乓球场、篮球场等，这些具有特定场地规格要求的空间需要详细了解不同运动的比赛情况，根据特殊要求进行针对性的设计。总之，休闲健身类场所更加偏重于功能性的需求，室内的灯光、色彩、用材、流线布局无不以此为设计的根本依据。

8.4.4 娱乐空间设计的典型案例分析

如图 8-4-12 所示，该案例是位于香港中环的终生美丽美容体验中心，功能包括迎宾接待区、更衣区、浴疗区、休息区、按摩区、美容区等。该会所空间的风格

图 8-4-11　意大利 Alpen SPA 内部游泳池

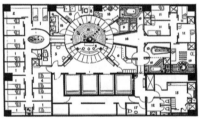

图 8 - 4 - 12　香港中环终生美丽美容体验中心入口

图 8 - 4 - 13　终生美丽美容体验中心内舒适自然的环境

图 8 - 4 - 14　终生美丽美容体验中心洗浴环境

定位十分鲜明——日式风格的空间体验。经营以日式木桶水疗为特色，整个设计渗透日式庭园理念，让人印象深刻。

人们去会所消费，享受的就是一个良好的环境。会所作为一个提供给人们休闲娱乐的地方，有创意才能体现其独创性的一方面。同时会所设计要体现公司的文化，不仅要凸显自己的品味和风格，同时也不能违背主办公司的文化，在表现形式上要更加自然。终生美丽美容体验中心，是服务女性的会所，倡导自然理念，这个案例的水疗中心是隶属于该中心，设计上在自然舒适的理念下不乏自己的特色（见图8-4-13）。

该水疗中心面积5000m²，融合流线空间结构，以一个正圆形室内日式小庭园为视觉空间的焦点，环绕四周为弯形榆木走廊平台，顾客在内庭可享受喷雾系统所营造的晨雾及水滴声，令人感受到大自然的恬静与和谐的同时，又增添一份禅静。

设计广泛采用毛竹、石灯、步石、石柱和白沙石等自然元素，与舒适、惬意的氛围构成一个超凡脱俗的意境（见图8-4-14）。

8.5　商业空间的室内设计

商业是商业活动的主要聚集场所，它从一个侧面反映一个国家、一个城市的物质经济状况和生活风貌。今天的商业功能正向多元化、多层次方向发展，一方面，购物形态更加多样，如商业街、百货店、大型商业中心、专卖店、超级市场等，另一方面，购物内涵更加丰富，不仅仅局限于单一的服务和展示，而是表现出休闲性、文化性、人性化和娱乐性的综合消费趋势，如体现出购物、餐饮、影院、画廊、夜总会等功能设施的结合。这就形成新的消费行为和心理需求，它反馈于室内环境的塑造，就是为顾客创造与时代特征相统一，符合顾客心理行为，充分体现舒适感、安全感和品味感的场所，使之成为真正意义上的重要消费场所。图8-5-1所示的为某商场的总服务台。

8.5.1　现代商业的分类

作为商业空间主要形式的各类商店，近百年来随着商品经济迅速发展，商店的形式演变成各种不同的样式，依年代先后分述于下。

8.5.1.1　百货店（Department Store）

1856年巴黎的孟玛谢百货商店，首先推出有别于以往的杂货店，它货物齐全、附有标价、不还价，并采用信誉卡制，免费包装送货，一时颇受好评，成为现代百货商店之先河。百货商业的商品结构以化妆品、黄金珠宝、钟表、礼品、精品百货、服装、服饰、衣料、鞋、皮具、文具、电器等家庭用品为主，商品丰富，种类齐全，综合性强。

图8-5-1　香港港湾豪庭商场

百货商业设计的要求：空间上有独立性，"布局上模糊、混合，边区一般设店中店或知名品牌，中区设二线品牌等中档商品，形成开敞、流动的整体空间"，由于商业的管理者同时也是经营者，商业中的卖场一般为两部分：一部分自营，一部分店中店。所以商业的整体环境需体现商业的经营特色，主要为商业自身的形象，而店中店的环境形象则体现着各自的品牌特色。如图8-5-2所示的某商场，一楼为店中店，二楼以上为二线品牌商品。

8.5.1.2　超级市场（Super Market）

超级市场是美国商业的产物，起源于20世纪20年代末的经济大恐慌时期。超级市场以不需要高成本的门面装饰、店内货物由顾客自取而降低经营的费用，价格低廉的货物受到消费者的欢迎。

超级市场经营的商品以各类食品、副食调料以及日用必需品、服装衣料、文具、家用电器等购买频率较高的商品为主，名贵、高档的商品少。除了主题型超市（如电脑超市、CD超市）外，多为食品超市和日用品超市。随着市场的不断成熟，一些超级市场在尽量做到商品齐全外，也越来越重视企业品牌的开发。

超级市场在空间设计上装饰少、简洁明快。常采用直线形通道，因顾客需要推车购物，其通道宽于百货商业。主通道可达4m以上，辅通道达2m以上。层高均高于其他商业购物环境。

8.5.1.3　购物中心（Shopping Center）

在我国把Shopping Center和Shopping Mall都翻译成购物中心。Shopping Mall可以译成"购物林荫道"，强调的是购物中心有一条步行街，提供给人漫步，又无需经受风吹雨打的购物环境。Shopping Center发端于美国二次世界大战后，是汽车时代的产物。在20世纪50年代初期产生了第一期的邻里型购物中心，接着又相继出现社区型购物中心、区域型购物中心以及城市型购物中心等多种类型，形成购物中心的多元化现象。这类商业空间可分为两大类：

（1）单体型——在单个建筑内，在不同楼层区域中规划不同的商品种类，并有休息、娱乐设施。

（2）复合型——由多个建筑组成，各自经营不同的项目，有天桥、地道等设施联系各单体建筑，整个区域划分停车、休息、步道、景观等空间。

购物中心是传统集会市场衍变而来的一种建筑形态，

是大型多功能的综合性商业空间群，把商店变成了购物、休闲、娱乐、饮食、康体、文化、商住等各种服务的一站式、体验式消费中心（见图8-5-3）。

8.5.1.4　商业街（Shopping Arcade）

"Arcade"指带拱的廊，这里指在一个区域内（平面或立体）集合不同类别，构成的综合性的商业空间。所有公共设施，如街道、店铺门面和招牌、休息设施等均按统一的标准设计，而且有统一管理的组织（如上海的港汇广场、中信泰富等）。

步行商业街对形成城市印象起着重要作用，是城市的"名片"；步行商业街同时也是城市中的"起居室"，在步行街中常常组织许多社会活动，如节日庆祝活动、小型集市、艺术展览等，由此增强社会的凝聚力，让居民真正拥有享受城市公共空间的权利。值得注意的是，对历史地段步行商业街进行有效的保护与整治，将有助于城市记忆的恢复、延续和发展城市特色（见图8-5-4）。

8.5.1.5　专卖店

这是近几十年来出现的以销售某品牌商品，或某一类商品的专业性零售店，以做到对某类商品完善的服务和销售，针对特定的顾客群体而获得相对稳定的客源。大多数企业的商品专卖店还具备企业形象和产品品牌形象的传达功能。

专卖店经营的商品有很强的针对性。专卖店有两种形式：一种是以商品类型组成的专卖店，例如烟酒专卖店、服装专卖店、药店、书店、珠宝商店等；另一种是以某种品牌商品为销售对象的专卖店，例如鳄鱼专卖店、海尔电器专卖店、金利来专卖店、宜家家居（IKEA）等，给顾客有目的选择商品提供了方便。专卖店的存在方式有两种：作为独立的店面存在或作为"店中店"加盟于大型商业、购物中心等，专卖店是购物中心和商业街的基本单元。专卖店实行连锁经营，在降低运营成本的同时强化统一的形象。

专卖店的环境设计需要强调个性和主题，常常是经营理念和品牌形象的延伸，它们采用统一的形象，其展具展架往往是单独设计、小批量定制的、标有其品牌商标的工业化产品。店面造型、空间划分、商品选择、陈列方式、灯光设计、色彩运用、店内陈设、海报设计以及店员服装等，常常围绕一个概念或主题，形成现代都市生活中的亮点（见图8-5-5）。

图 8-5-2 萧山某商场　　　　图 8-5-3 香港港湾豪庭商场

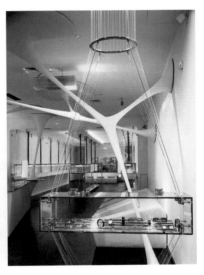

图 8-5-4 长沙步行街　　　　图 8-5-5 机械森林 Q'fly 专卖店

8.5.1.6　量贩店（General Merchandising Arcade）

量贩店简称"GMS"，亦称仓储式超市，采用顾客自助式选购的连锁店方式经营，20 世纪 60 年代末出现在美国。量贩店利用连锁经营的优势，大批采购商品，亦自行开发自己的品牌，以货物种类多、批量批发销售、低价为特点。也以其低成本经营的优势对零售业及超市造成巨大的威胁，如上海德资的"麦德龙"等。

8.5.1.7　便利店（Convenient Store）

这是一种在 20 世纪 80 年代后出现的新型零售业，在巨型化和连锁化经营的超市和"GMS"的缝隙中，以 24 小时营业的方式方便了社区生活，并为夜间工作者提供服务，这种以食品饮料为主的小型商店也兼售报刊、日用百货、文具、药品，并经营一些社区服务的项目（如代付水、电费等），给消费者带来便利，如各地的"罗森"、"快客"等。

8.5.2　商业空间的空间组织

8.5.2.1　引导与组织

顾客来到商业空间，需要经历下述一些过程：

顾客通行和购物动线的组织，对商业空间的整体布局、商品展示、视觉感受、通达安全等都极为重要，顾客动线组织应着重考虑以下几点。

（1）商店出入口的位置、数量和宽度以及通道和楼梯的数量和宽度均应满足防火安全疏散的要求（如根据建筑物的耐火等级，每100人疏散宽度按0.65～1.00m计算），出入口与垂直交通之间的相互位置和联系流线，对客流的动线组织起决定作用。如图8-5-6所示的布局为商业空间中几种典型的顾客动线布局方式。

（2）通道在满足防火安全疏散的前提下，还应根据客流量及柜台布置方式确定最小宽度（见表8-5-1）以满足顾客的停留、周转。

表8-5-1 不同柜台布置方式下通道的最小宽度

通道位置		最小宽度（m）
仅一侧有柜台		2.20
两侧均有柜台	柜台长度小于7.5m	2.20
	柜台长度为7.5～15m	3.70
	柜台长度大于15m	4.00

（3）通畅地到达浏览并拟选购的商品柜台，尽可能避免单向折返与死角，并能迅速安全地进出和疏散。

（4）顾客动线通过的通道与人流交汇停留处，从通行过程和稍事停顿的活动特点考虑，应细致筹措商品展示、信息传递的最佳展示布置方案。

8.5.2.2 视觉流程

人们在进入现代商业环境的时候，存在两种基本购物行为：目的性购物和非目的性购物。有目的性购物者都希望以最快的方式、最便捷的途径到达购物地点，完成购物形式，对此类消费者，在组织商业空间时，在视觉设计上应具有非常明确的导向性，以缩短购物的距离。

从顾客踏入商业空间开始，设计者就需要在顾客动线的进程、停留、转折等处，考虑视觉引导，并从视觉构图中心选择最佳景点，设置商品展示台、陈列柜或商品信息标牌等。商业空间内视觉引导的方法与目的主要为以下4点。

（1）通过柜架、展示设施等的空间划分，作为视觉引导的手段，引导顾客动线方向并使顾客视线注视商品

（见图8-5-7）。

（2）通过商业空间地面、顶棚、墙面等各界面的材质、线型、色彩、图案的配置，引导顾客的视线（见图8-5-8）。

（3）采用系列照明灯具、光色的不同色温、光带标志等设施手段，进行视觉引导。

（4）视觉引导运用的空间划分、界面处理、设施布置等手段的目的，最终是烘托和突出商品，创造良好的购物环境，即通过上述各种手段，引导顾客的视线，使之注视相应的商品及展示路线与信息，以诱导和激发顾客的购物意愿。

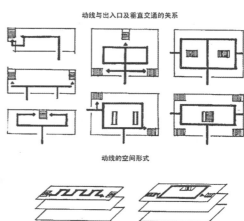

动线与出入口及垂直交通的关系

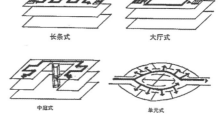

动线的空间形式

长条式　大厅式

中庭式　单元式

顾客动线布局方式

图8-5-6 顾客动线布局方式图

图8-5-7 Ptrick Cox专卖店

图 8-5-8　Marithe&·Francois Girbaud
新概念店

图 8-5-9　上海恒隆广场

图 8-5-10　Q'fly专卖店
柜台划分空间

图 8-5-11　香港港湾豪庭商场
以休息椅划分空间

8.5.3　商业空间设计要素

8.5.3.1　空间组织与界面处理

　　商业空间的空间组织，涉及商业空间层高的高低、承重墙之间和柱网之间间距的宽窄，以及中庭的设置等，这些都是在建筑结构设计时确定的（见图 8-5-9）。

　　室内设计时对商业空间的再创造和二次划分，是通过顶棚的吊置，货架、陈列橱、展台等道具的分隔而形成（见图 8-5-10），也可以以隔断、休息椅、绿化等手段进行空间组织与划分（见图 8-5-11）。图 8-5-12所示的是以隔断组织营业空间的服装店商业空间（自室外向里观看）。

　　在商业空间中，也常以局部地面升高（以可拆卸拼装的金属架、地板面组成）或以几组灯具形成特定范围的局部照明等方式构成商品展示的虚拟空间（见图 8-5-13）。

　　商业空间地面、墙面和顶棚的界面处理，从整体考虑仍需注意烘托氛围，突出商品，形成良好的购物环境。

（1）地面。

商业空间的地面应考虑防滑、耐磨、易清洁等要求，近入口及自动梯、楼梯处，以及厅内顾客的主通道地面，如商业空间面积较大时，可作单独划分或局部饰以纹样处理，以起到引导人流的作用，对地面选材的耐磨要求也更高一些，常以同质地砖或花岗石等地面材料铺砌。商品展示部分除大型商场中专卖型的"店中店"等地面，可以按该专门营业范围设置外，其余的展示地面应考虑展示商品范围的调整和变化，地面用材边界宜"模糊"一些，从而给日后商品展示与经营布置的变化留有余地。专卖型"店中店"的地面可用地砖、木地板或地毯等材料，一般商品展示地面常用预制水磨石、地砖大理石等材料，且不同材质的地面上部应平整，处于同一标高，使顾客走动时不致绊倒。

（2）墙、柱面。

由于商业空间中的墙面基本上被货架、展柜等道具遮挡，因此墙面一般需要做整体处理（见图8-5-14），但商业空间中的独立柱面往往在顾客的最佳视觉范围内，因此柱面通常需进行一定的装饰处理，例如可用木装修或贴以面砖及大理石等方式处理，根据室内的整体风格，有时柱头还需要作一定的花饰处理。

（3）顶棚。

商业空间的顶棚，除入口、中庭等处结合厅内设计风格，可作一定的花饰造型处理外，在商业营业空间的设计整体构思中，顶棚仍以简洁为宜。大型商场自出入口至垂直交通处（自动梯、楼梯等）的主通道位置相对较为固定，顶棚在主通道上部的部位，也可在造型、照明等方面作适当呼应处理，使顾客在厅内通行时更具方向感（见图8-5-15）。

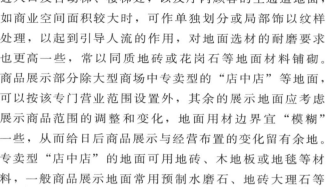

图 8-5-12 上海恒隆广场隔断划分空间

图 8-5-13 上海筑园灯光
划分空间

图 8-5-14 杭州某商场墙面
整体处理

图 8-5-15 香港港湾豪庭商场
顶棚处理

8.5.3.2 采光与照明

光是人的视觉感知不可缺少的条件。商业的光环境设计包括自然采光和人工照明两部分。自然采光以日光为光源，人工照明以灯具为主要光源。

商业空间除规模较小的商店白天营业有可能采用自然采光外，大部分商店的商业空间由于进深大，墙面基本上被货架、橱窗所占，同时也为了烘托购物环境，充分显示商品的特色和吸引力，通常商业空间均需补充人工照明，而大型商店主要依靠人工照明。

商业空间基本照明的照度，根据我国《商店建筑设计规范》的推荐照度值，参见商场照度推荐值（见表8-5-2）。

表 8-5-2　　　　　　　　　　　　　　　　　商 场 照 度 推 荐 值

房间或场所名称	推荐照度（lx）
自选商场的营业厅	150～300
百货商店、商场、文物字画店	100～300
书店、服装店、钟表眼镜店、鞋帽店等	75～150
百货商店、商场大门厅、广播室、电视监控、美工室、试衣间	75～150
副食店	50～100
值班室、换班室、一般工作室	35～75
库房、楼梯间走道、卫生间	20～50
供内部使用的楼梯间、走道、卫生间、更衣间	10～20

注　1. 推荐照度指距地面0.8m的水平工作面处推荐照度值。
　　 2. 设在地下室或建筑物深处的商店，如无自然光或天然光不足，宜将表中推荐值提高一级。
　　 3. 表中推荐照度适合任意一种光源。

8.5.3.3 店面与橱窗

店面与橱窗既是街景的组成部分，又是商业空间的脸面，也是商业室内营销环境的重要标识和个性化的招牌。店面与橱窗设计是以独具特色的造型、色彩、灯光、材质等手段，展示商业的经营性质和功能特点，以准确地诱发人们的浏览和购物意愿为宗旨。

8.5.3.4 家具与装饰

商业的家具通常以实用为基本造型特征，家具总是为某种商品的陈设而存在，同时，空间场地也制约着陈设家具的设计。在家具设计中，人体工程学理论的运用，对人的尺度与家具、环境之间的关系有着重要的作用，设计师应该严格推敲、合理定位。

8.5.4 商业空间设计的典型案例分析

港湾豪庭原为油麻地小轮大角嘴船厂及油麻地工业大厦旧址，随着西九龙填海工程的进行，船厂已经迁往青衣岛，油麻地工业大厦于2000年拆除，经与政府修改土地用途后在此处兴建面积达200万 m^2 的港湾豪庭住宅，港湾豪庭基座设有20万 m^2 大型商场，并以超级邮轮为设计概念，于2005年3月启用。商场主要商店为千色店及惠康超级市场，其他商店包括万宁、日本城、OK便利店、多间地产代理、洗衣店、教育中心、诊所、美容中心及茶餐厅等，是一个集休闲、游览、娱乐的"体验式消费"购物中心（见图8-5-16）。

港湾豪庭商场以铁达尼号超级邮轮为设计蓝本，是一个主题性非常强的购物中心。上下共四层的空间，由中庭的扶梯组织整个空间的竖向交通（见图8-5-17）。

图 8-5-16　香港港湾豪庭商场内部

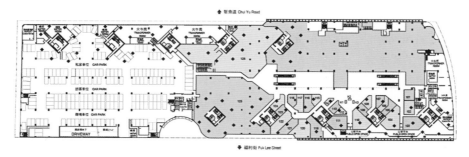

图 8-5-17 香港港湾豪庭商场平面图

图 8-5-18 香港港湾豪庭商场
轮船主题元素

图 8-5-19 香港港湾豪庭商场雕塑小品 (一)

图 8-5-20 香港港湾豪庭商场雕塑小品 (二)

图 8-5-21 香港港湾豪庭商场
发光天棚

整个购物中心空间主题明确，整个空间就是船舱的内部经典再现，并把轮船的设计元素融合在商业空间中（见图 8-5-18），让人体验身临其境的感受。

在空间设计中，还结合了情境小品，把雕塑融入其中，更加强调了船的主题性，给人留下了深刻的印象（见图 8-5-19 和图 8-5-20）。该设计最大的亮点是中庭天棚的设计，棚顶采用弧形穹顶发光天棚的形式，蓝天的图案结合反光灯带，一改原有空间的沉闷感，给人以舒适、清新、自然的感受，激起人们的无限向往（见图 8-5-21）。

本 章 小 结

本章讲述了各功能空间环境设计的基本原理、要素和设计原则，由浅入深介绍了一个系统的室内环境设计

概念。引导学生学会用基本理论知识运用到项目实践中，使学生对各类型空间设计的方法、原则、程序、装饰材料、照明等的运用有较深刻的理解，使学生具备从事各类型室内设计工作的基本能力。

复 习 思 考 题

1. 住宅室内空间设计可以从哪些方面进行思考和定位？
2. 办公空间环境的设计要素有哪些？
3. 设计一个特色餐厅应从哪些方面考虑？
4. 娱乐空间装饰设计原则是什么？
5. 一个好的商业空间设计要考虑哪些设计要素？

参 考 文 献

[1]　赖增祥，陆震纬. 室内设计原理（上、下册）[M]. 北京：中国建筑工业出版社，2004.
[2]　马丽旻，郭承波. 室内设计基础 [M]. 上海：上海文化出版社，2011.
[3]　尼跃红. 室内设计基础 [M]. 北京：中国纺织出版社，2004.
[4]　邢瑜. 室内设计基础 [M]. 合肥：安徽美术出版社，2007.
[5]　严肃. 室内设计理论与方法 [M]. 长春：东北师范大学出版社，2011.
[6]　张绮曼，郑曙旸. 室内设计经典集 [M]. 北京：中国建筑工业出版社，1997.
[7]　孙雪梅. 浅谈建筑设计与室内设计的关系 [J]. 世界家苑，2011（5）.
[8]　苏丹. 住宅室内设计 [M]. 北京：中国建筑工业出版社，2005.
[9]　刘晨澍. 办公空间设计 [M]. 北京：高等教育出版社，2008.
[10]　朱力. 商业环境设计 [M]. 北京：高等教育出版社，2008.
[11]　邱晓葵. 室内项目设计·下·（公共类）[M]. 北京：中国建筑工业出版社，2006.
[12]　许亮，董万里. 室内环境设计 [M]. 重庆：重庆大学出版社，2003.
[13]　朱小雷. 建成环境主观评价方法研究 [M]. 南京：东南大学出版社，2005.
[14]　韩卓君. 基于低碳理念的室内设计环境研究 [D]. 青岛理工大学，2011.
[15]　韩继红，张颖，汪维. 2010年上海世博会城市最佳实践区上海实物案例——"沪上·生态家"展馆建筑设计和技术集成 [J]. 上海建设科技，2009（3）.
[16]　薛键. 室内外设计资料集. [M]. 北京：中国建筑工业出版社，2006.
[17]　霍维国. 室内设计 [M]. 哈尔滨：哈尔滨工业大学出版社，2002.
[18]　霍维国，霍光. 中国室内设计史 [M]. 北京：中国建筑工业出版社，2003.
[19]　齐伟民. 人工环境设计史纲 [M]. 北京：中国建筑工业出版社，2007.
[20]　陈易，陈永昌，辛艺峰. 室内设计原理 [M]. 北京：中国建筑工业，2006.
[21]　夏万爽. 室内设计 [M]. 石家庄：河北美术出版社，2002.
[22]　刘蔓. 餐厅空间设计教程 [M]. 重庆：西南师范大学出版社，2006.
[23]　吕永中，俞培晃. 室内设计原理与实践环境设计 [M]. 北京：高等教育出版社，2008.
[24]　张伟，庄俊倩，宗轩. 室内设计基础教程 [M]. 上海：人民美术出版社，2008.
[25]　王东辉，李健华，邓琛. 室内环境设计 [M]. 北京：中国轻工业出版社，2007.